畜禽养殖污染处理技术

陈元刚　谈超群　陈　鸣
陈方荣　闵兴华　薛　琼　著

U0380293

东南大学出版社
SOUTHEAST UNIVERSITY PRESS
·南京·

内容提要

畜禽规模化养殖在提高生产效率，带来经济效益的同时，也不可避免地带来了局部地区废水、废气和固体废物过量排放等污染问题，对生态环境造成了严重的压力。本书着眼于畜禽养殖场废水、废气和固体废物的全过程处理技术，包括畜禽养殖废水的物理化学处理、生物处理、自然处理，废气与固体废弃物的物理化学处理和生物处理，收集、整理、分析和归纳了国内外畜禽养殖业污染物处理利用研究的最新成果，特别是工程应用运行数据，期望对畜禽养殖污染物领域的研究具有参考作用，对工程设计和运行管理具有借鉴指导意义。

图书在版编目(CIP)数据

畜禽养殖污染处理技术 / 陈元刚等著. — 南京：东南大学出版社，2022.11

ISBN 978-7-5766-0305-7

Ⅰ.①畜… Ⅱ.①陈… Ⅲ.①畜禽-养殖-污染防治

Ⅳ.①X713

中国版本图书馆 CIP 数据核字(2022)第 206455 号

责任编辑：丁 丁　　责任校对：韩小亮　　封面设计：毕　真　　责任印制：周荣虎

畜禽养殖污染处理技术

Xuqin Yangzhi Wuran Chuli Jishu

著　　者	陈元刚　谈超群　陈　鸣　陈方荣　闵兴华　薛　琼	
出版发行	东南大学出版社	
社　　址	南京市四牌楼 2 号　　邮编：210096　　电话：025 - 83793330	
网　　址	http://www.seupress.com	
电子邮件	press@seupress.com	
经　　销	全国各地新华书店	
印　　刷	广东虎彩云印刷有限公司	
开　　本	700 mm×1000 mm　　1/16	
印　　张	11.75	
字　　数	204 千字	
版　　次	2022 年 11 月第 1 版	
印　　次	2022 年 11 月第 1 次印刷	
书　　号	ISBN 978-7-5766-0305-7	
定　　价	58.00 元	

(本社图书若有印装质量问题，请直接与营销部联系。电话：025 - 83791830)

前　言

PREFACE

　　畜禽规模化养殖在提高生产效率的同时,也带来了局部地区废水、废气和固体废弃物过量排放的污染问题,对生态环境造成了严重的压力。我国作为一个农业大国,畜禽养殖业的污染物排放已经成为一些地区环境污染的主要来源,也引起了当地管理部门和业主的高度重视。在前辈的研究基础上,作者及其团队总结了各项工程成果与研究实验经验,整理多项论文与专利,进行系统梳理,汇集成书。

　　本书着眼于畜禽养殖场废水、废气和固体废弃物的全过程处理技术,首先介绍了畜禽养殖业的污染现状,然后系统阐述了处理与利用各个工艺环节的基本原理、污染物去除效果、关键工艺参数以及设计与运行中需要注意的问题,同时详细介绍了一些处理利用技术应用的典型工程案例。本书内容包括畜禽养殖废水的物理化学处理、生物处理、自然处理,废气与固体废弃物的物理化学处理和生物处理,收集、整理、分析和归纳了国内外畜禽养殖业污染物处理利用研究的最新成果,特别是工程应用运行数据,期望对畜禽养殖污染物领域的研究具有参考作用,对工程设计和运行管理具有借鉴指导意义。

本书的成稿得益于一些前辈科研工作者的工作积累和实践总结,同时也参考、引用了国外专家学者、工程技术和管理人员卓有成效的工作,谨向前辈们和相关著作者的贡献表示敬意与感谢!本书由南京市生态环境保护科学研究院陈元刚、陈鸣以及东南大学谈超群参与了编写,全书由陈元刚统稿。各章节编写分工如下:陈元刚、闵兴华(第 1、2 章),谈超群(第 3、4、5、6、7、8、9、10、11 章),陈鸣(第 12 章)。此外,南京市生态环境保护科学研究院的陈方荣、薛琼,东南大学虞望琦、韦传旭和尤炜弘也为本书的编写提供了可靠和丰富的素材,在此表示衷心的感谢。

本书的出版还要感谢东南大学出版社的帮助和支持。

由于作者水平和经验有限,书中的见解和观点难免存在一些疏漏和不妥之处,敬请本书读者提出宝贵意见,以便后续修订完善。

著者

目 录

CONTENTS

1 畜禽养殖业现状

养殖业主要包括牛、马、驴、骡、骆驼、猪、羊、鸡、鸭、鹅、兔等家畜家禽饲养业和鹿、貂、水獭、麝等野生经济动物驯养业。它不但为纺织、油脂、食品、制药等工业提供原料，而且为人民生活提供肉、奶、蛋、禽等丰富食品，为农业提供役畜和粪肥。

养殖业在经济发展的早期阶段，常常表现为农作物生产的副业，即所谓"后院养殖业"。随着经济的发展，现在逐渐在某些部门发展成为相对独立的产业。例如：蛋鸡业、肉鸡业、奶牛业、肉牛业、养猪业等。

1.1 世界畜禽养殖业现状

畜禽肉是畜类和禽类的肉的统称，指猪、牛等牲畜，鸡、鸭等家禽的肌肉、内脏及其制品。畜禽肉的营养价值较高，饱腹作用强，是人类生活必不可少的物质。而全球的畜禽业主要分布在阿根廷潘帕斯草原、美国西部、澳大利亚、乌克兰等这种气候条件好，草原茂盛的地带，并且主要集中在干旱、半干旱区。

根据联合国粮农组织的统计数据显示，20世纪60年代后，在第二次世界大战的推促作用下，全球的畜禽养殖业发展迅速，其显著表现在肉蛋奶产品的增量速度显著加快。世界各大洲禽肉产量在稳步增长，禽肉的发展空间巨大。

1980—2010年这30年中，在欧美地区肉类总消费量降低的情况下，禽肉消费稳定增长，说明对红肉的消费正在减少，取而代之的是白肉消费。按照猪禽（含鸡、鸭、鹅、火鸡）牛羊统计，禽肉在肉类生产中的占比：日本为57%，美国48%，韩国37%，欧盟27%，而我国仅仅不到22%。猪肉在肉类生产中的占比：日本为31%，美国26%，韩国51%，欧盟53%，我国为65%。以鸡为例：1991年全世界供宰鸡（包括肉仔鸡和母鸡）数量为275.72亿只，比1990年净增7.52亿只，增长了约2.7%。其中北美洲增加数量最多，增加了3.89亿只，相较于1990年增加了5%。亚洲紧随其后，增长2.17亿只，约增长3.0%。

而近 10 年来随着世界人口增加以及世界各地城市化的普及,全球的国民生产总值与人民生活水平得到了不断提高。因消费水平的提高、生活方式及饮食适应的改变等,人们对动物性蛋白质需求量大幅提高。而畜禽肉可以很好地补充人类所需要的动物性蛋白质,所以畜禽养殖业的进展始终处于飞速发展的形势。亚洲是世界上人口最多的大洲,其中东亚、东南亚和南亚是人口稠密地区;而北美洲人口总数较亚洲小,且北美洲的人口自然增长率较低(为 10%～20%)。尽管如此,在畜禽养殖中,北美地域生产的鸡肉产量却依然超过亚洲的鸡肉产量,占世界鸡肉产量的 36.76%;亚洲的鸡肉产量仅为世界鸡肉产量的 33.24%。其主要原因在于北美洲地区的供宰鸡的平均胴体重比亚洲地区的平均胴体重高。并且北美洲的许多发达国家的肉禽业已不是人们传统观念上的农业行业的扩充延伸,而是发展成了与其他制造业平行发展的食品加工业,大大提高了畜禽养殖业的地位和重要性。这也会使许多高新技术可以很快地应用于加工业。具体阐述如下:

1) 近 20 年的肉类生产发展

2018 年,世界肉类产量达到 3.42×10^{11} kg,与 2000 年相比增长约 47%,即 1.09×10^{11} kg。尽管许多物种是为了吃肉而饲养的,但在 2000—2018 年期间,只有 3 个物种占全球产量的近 90%:猪、鸡和牛(不考虑每个物种的不同品种)(表 1.1)。2018 年,猪肉占全球肉类产量的 35.30%,与 2000 年 38.50% 的份额相比略有下降。2018 年,鸡肉占全球肉类产量的 33.37%,绝对和相对增长率最高(增加了 95%,约 5.60×10^{10} kg)。牛肉的份额则从 2000 年的 23.92% 下降到 2018 年的 19.67%。肉类生产的市场集中度不如初级农作物和植物油,虽然前三大生产商约占 60% 的世界猪肉产量和略高于 40% 的全球鸡肉和牛肉产量。中国和美国是三大肉类的主要生产国:具体来说,中国生产了 45% 的世界猪肉,美国生产了 17%～18% 的世界鸡肉和牛肉。

表 1.1　2000 年、2018 年世界肉类产量对比

	2000 年产量(10^3 kg)	占比(%)	2018 年产量(10^3 kg)	占比(%)
猪肉	89 873 292	38.50	120 881 269	35.30
鸡肉	58 676 400	25.14	114 266 750	33.37
牛肉	55 835 848	23.92	67 353 900	19.67
其他	29 055 346	12.45	39 894 103	11.65

数据来源:联合国粮食及农业组织(FAO),2020 年,下同。

2) 近 20 年的牛奶生产发展

截至 2018 年,世界牛奶产量增长了约 45%,达到 $8.43×10^{11}$ kg,相比 2000 年增加了 $2.64×10^{11}$ kg。亚洲是 2018 年最大的产奶地区,占总产奶量的 41.99%,领先于欧洲(26.87%)、美洲(21.97%)、非洲(5.53%)和大洋洲(3.64%)(表 1.2)。特别是,2000 年至 2018 年间,亚洲的牛奶产量翻了一番多,从 $1.69×10^{11}$ kg 增加到 $3.54×10^{11}$ kg,这主要是由于印度的产量增加($1.08×10^{11}$ kg),印度是最大的牛奶生产国,在 2018 年占总产量的 22%。美国以 12% 的份额成为第二大生产国;其他主要生产国(巴基斯坦、中国、巴西、俄罗斯和法国)各占全球产量的 3% 至 5%。

表 1.2　2000 年、2018 年世界牛奶产量对比

	2000 年产量(10^3 kg)	占比(%)	2018 年产量(10^3 kg)	占比(%)
亚洲	169 406 133	29.23	353 973 732	41.99
欧洲	213 188 477	36.79	226 526 965	26.87
美洲	143 123 253	24.70	185 174 833	21.97
非洲	30 642 421	5.29	46 653 629	5.53
大洋洲	23 148 527	3.99	30 706 297	3.64

3) 近 20 年的蛋类生产发展

2018 年,世界鸡蛋产量约达到 $7.7×10^{10}$ kg,比 2000 年的水平约增加了 50%,也就是说在此期间约增加了 $2.6×10^{10}$ kg。到 2018 年为止,亚洲是主要的生产地区,占全球产量的 59.79%,其次是美洲(21.20%)、欧洲(14.42%)、非洲(4.14%)和大洋洲(0.45%)(表 1.3)。除了欧洲以外,其他地区的生产增长率都远高于 50%,欧洲的增长率仅为 17%,在世界总量中的份额从 18.45% 下降到 14.42%。中国以 35% 的份额成为最大的鸡蛋生产国;其他主要生产国(美国、印度、墨西哥、巴西、日本、俄罗斯和印度尼西亚)加起来也没有超过中国。

表 1.3　2000 年、2018 年世界鸡蛋产量

	2000 年产量(10^3 kg)	占比(%)	2018 年产量(10^3 kg)	占比(%)
亚洲	29 045 451	56.80	45 899 382	59.79
美洲	10 492 657	20.52	16 274 216	21.20
欧洲	9 434 031	18.45	11 073 316	14.42
非洲	1 962 140	3.84	3 179 708	4.14
大洋洲	200 027	0.39	343 334	0.45

通过分析以上数据可知:进入 21 世纪后,世界畜禽养殖业发展迅速,肉、蛋、奶的产量都显著提升,其中又以肉类和蛋的产量增速最快;肉类中又以猪肉为主,以鸡肉为代表的禽肉生产量增长速度最快,牛肉的比重则出现下降的趋势;一些发展中国家的肉类生产量显著上升,而发达国家的养殖业增速放缓,美国等为代表的发达国家在世界肉蛋奶的市场占有率出现下滑(表 1.4～表 1.7)。世界畜禽产品产量的增长,一方面是养殖量的扩大,另一方面是单个动物产出和出栏率的提高。伴随着经济发展和居民消费结构的变化,发展中国家对畜禽的肉类及副产品的需求显著提高。发达国家对肉类的需求则开始下降或开始转向从发展中国家进口。

表 1.4　2000 年世界主要发达国家畜禽生产量

	肉牛(头)	肉鸡(千只)	肉猪(头)	山羊(只)	绵羊(只)
美国	98 199 000	1 860 000	59 110 300	2 300 000	7 032 000
英国	11 133 000	154 504	6 482 000	77 164	42 264 000
澳大利亚	27 588 000	84 928	2 511 000	1 905 000	118 552 000
日本	4 588 000	323 126	9 806 000	35 000	10 000
加拿大	13 201 300	158 000	12 904 400	30 000	793 000

表 1.5　2000 年世界主要发展中国家畜禽生产量

	肉牛(头)	肉鸡(千只)	肉猪(头)	山羊(只)	绵羊(只)
中国	104 553 559	3 623 012	438 910 194	148 478 245	131 095 105
巴西	169 875 524	842 741	31 562 112	9 346 813	14 784 958
印度	191 924 000	374 000	13 403 000	123 533 000	59 447 000
墨西哥	30 523 735	366 964	15 390 507	8 704 231	6 045 999

表 1.6　2018 年世界主要发达国家畜禽生产量

	肉牛(头)	肉鸡(千只)	肉猪(头)	山羊(只)	绵羊(只)
美国	94 298 000	1 972 088	75 070 200	2 639 000	5 265 000
英国	9 892 000	178 000	5 055 000	104 000	33 781 000
澳大利亚	26 395 734	99 784	2 534 030	3 641 365	70 067 316
日本	3 842 000	323 126	9 189 000	15 514	15 178
加拿大	11 565 000	170 759	14 170 000	30 060	829 400

表 1.7 　2018 年世界主要发展中国家畜禽生产量

	肉牛(头)	肉鸡(千只)	肉猪(头)	山羊(只)	绵羊(只)
中国	63 417 926	5 191 439	433 756 945	135 892 333	161 388 403
巴西	213 809 445	1 465 616	41 231 856	10 731 694	18 947 352
印度	191 753 659	791 102	9 254 405	144 425 299	71 587 950
墨西哥	34 820 271	568 372	17 838 900	8 749 589	8 683 835

为了更好地追溯调查近年来世界畜禽养殖业现状,也可以通过跟踪全球食用型畜禽配合饲料产量进行反映。2018 年,世界配合饲料产量延续往年的增长势头,呈上升趋势并上涨 2%(图 1.1)。另外在世界范围内爆发的流感疫情,直接导致各地的畜禽养殖数量下降。但是全球总体畜禽饲料的总产量趋势不降反升,只不过增长速率不如 21 世纪初。自然可以合理推断全球畜禽养殖业得到了持续发展。

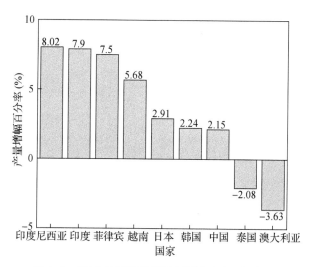

图 1.1 　2018 年饲料产量增幅百分率(亚太地区)

全球家禽饲料消耗量(肉鸡和蛋鸡饲料)约占世界饲料总产量的 47%,其次是猪(28%)和反刍动物(20%)以及其他人们在生活中赖以生存、可作为蛋白质源的动物(图 1.2)。

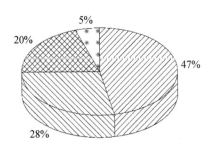

家禽　猪　反刍动物　其他动物

图 1.2　全球饲料消耗占比

在近 20 年的大环境驱使下,世界家禽饲料生产量与家禽产量也大约增加 2%,其中,作为典型代表的便是欧盟和美国(表 1.8)。受其自身政策影响,得以进行很好的出口驱动与促进外来家禽贸易,稳健增长。而巴西是唯一未见增长的主要家禽生产国。下降的部分原因是欧盟的年度进口配额即将用完,这意味着巴西港口无法顺利地将畜禽运出。而后,随着出口强势回升,经济复苏,巴西可以实现触底反弹,以创纪录的速度增长。在出口和国内需求推动下,欧盟各国家的家禽产量也有望得到极大程度的提升(鲁飞,2020)。

表 1.8　部分国家畜禽饲料生产情况　　　　　　　　　　　　单位:10^9 kg

国家	配合饲料生产量	国家	配合饲料生产量
美国	178	波兰	11
加拿大	21.2	巴西	66.4
俄罗斯	28.7	墨西哥	34.6
德国	23.6	阿根廷	18.6
西班牙	21.2	土耳其	22.6
法国	19.2	南非	9.2
英国	17.1	伊朗	8.7
荷兰	14.3	中国	152
意大利	13.7	印度	35.9

而在 2018 年左右相比猪肉或鸡肉,世界牛肉产量的增长速度稍慢。美国牛肉产量见长,这是由于美国进行了连续 4 年的存栏量增加,2018 年牛肉产量增至 $1.24×10^{10}$ kg,涨幅近 3%但绝大部分的增长来自日本、韩国和墨西哥等出口市场。在亚洲范围内,印度饲料产量呈直线上升的增长态势,净涨幅高达 8%,这也直接

反映了印度奶牛、禽类的大增产。随着印度人口基数不断上升,中产阶级愈发充实,印度居民对肉、蛋、奶的消费需求正在快速上升。而印度尼西亚的饲料工业持续壮大,畜禽业占用了其大约87%的支出。另外随着蛋白质消费需求上扬,菲律宾的饲料产量持续攀升。大致结构组成为猪饲料占总量的60%,家禽饲料占25%,剩余15%为水产饲料及其他饲料。综上,世界范围内的畜禽养殖业发展迅猛。在未来40年里,全球所需要的食物总量将是过去400年的需求之和,畜肉禽蛋作为廉价且优质的畜禽动物蛋白质来源,保证其稳定供应将成为解决全球人口食物来源的关键。而对于如何保证饲料来源、土地资源稳定,如何对畜禽养殖业所造成的一些污染进行削减,如何提高饲料报酬率,提高养殖水平等,成了核心问题。

1.2 我国畜禽养殖业的现状

我国畜牧业常用牧区畜牧业、农耕区畜牧业两类进行分类。在地域上,牧区主要分布在北方半干旱、干旱地区和青藏高原。内蒙古、新疆、青海、西藏是我国四大牧区。四大牧区都有自己的优良畜种,比如内蒙古的三河马、三河牛;新疆细毛羊、宁夏滩羊等。而农耕区畜牧业与牧区畜牧业不同,其以部分粮食或加工粮食的副产品为饲料,饲养猪、牛、羊以及鸡、鸭、鹅等家禽。农耕区畜牧业主要以耗粮型畜牧业为主,且兼用型畜牧业比较发达,如乳役兼用或肉役兼用的养牛业、养马业和养驴业等。目前,由于我国人口众多等特点,农耕区畜牧业在畜牧产品中占主要位置。在我国所谓牧区与农耕区的界线大致接近400 mm降水线。

由前文所述20世纪60年代后,第二次世界大战直接导致全球的畜禽养殖业得以飞速发展。并且对于我国而言鸡肉有其独特的价值:一是营养价值高。尤其是三大自主品种之一的白羽肉鸡,具有一高三低(高蛋白、低脂肪、低能量、低胆固醇)的营养价值。二是饲料效益、收益高。饲料的高效收益就意味着鸡肉生产成本低,鸡肉能被所有人享用。三是生产周期短。鸡肉的价格容易进行合理调整,价格波动较小。四是养鸡的环境污染小。鸡粪进行净化处理比较容易。所以在我国的畜禽产业结构中,鸡肉使我国禽肉生产和消费比例不断增加。

我国的肉禽业真正起步于20世纪80年代,并且发展到90年代已形成初步规模,到2000年产量已相当可观,仅次于美国,位居世界第二(表1.9~表1.11)。不仅如此,畜禽业是我国畜牧产业发展中增长最快的行业,并且在稳固发展的基础上,市场进行了不断优化、规模进行不断扩张。在我国人口基数大,人口的自然增长率较为稳定的前提下,我国禽肉产量从 1991 年的 3.91×10^9 kg 10 年间猛增到 12.38×10^9 kg,约增长了 2.17 倍,人均占有量从 1991 年的 3.9 kg 发展到 2000 年的 9.8 kg。同时,禽肉消费占肉类食品消费的比重也从 1991 年的 14.6% 上升到 2000 年的 19.7%。由此可见我国的肉禽产业是一个充满生机和活力的产业。但是此时的肉禽生产也分散于各种小规模经营的农户,规模化经营的比重很小。在这一背景下,导致了肉禽产品生产随价格波动而频繁波动的现象(王勇,2021)。

表 1.9　1978—2009 年全国主要畜禽出栏数量

年份	猪(万头)	牛(万头)	羊(万只)	兔(万只)	家禽(万只)
1978	16 109.5	240.3	2 621.9	—	—
1990	30 991.0	1 088.3	8 931.4	7 314.9	243 391.1
1995	37 849.6	2 243.0	11 418.0	15 019.9	488 392.6
2000	51 862.3	3 806.9	20 472.7	25 878.2	809 857.1
2005	60 367.4	4 148.7	24 092.0	37 840.4	943 091.4
2009	64 538.6	4 602.2	26 732.9	43 281.4	1 060 945.0

数据来源:中国畜牧年鉴,下同。

表 1.10　1978—2009 年全国主要畜禽产品产量　　　　　单位:10^7 kg

年份	肉类总产量	猪牛羊肉	猪肉	牛肉	羊肉	禽肉	牛奶	禽蛋
1978	856.3	856.3	—	—	—	—	88.3	—
1990	28 570	2 513.5	2 281.1	125.6	106.8	322.9	415.7	794.6
1995	4 076.4	3 304.0	2 853.5	298.5	152.0	724.3	576.4	1 676.7
2000	6 013.9	4 743.2	3 966.0	513.1	264.1	1 191.1	827.4	2 182.0
2005	6 938.9	5 473.5	4 555.3	568.1	350.1	1 344.2	2 753.4	2 438.1
2009	7 649.7	5 915.7	4 890.8	635.5	389.4	1 594.9	3 518.8	2 742.5

表 1.11　1978—2009 年全国畜牧业产值占农业总产值的比重

年份	农业总产值(亿元)	畜牧业产值(亿元)	畜牧业产值占农业总产值的比重(%)
2000	24 915.8	7 393.1	29.67
2005	39 450.9	13 310.8	33.74
2009	60 361.0	19 468.4	32.25

从 20 世纪末我国各省区的家禽存栏量和禽肉产量来看：1999 年末全国家禽存栏总量达到 52.2 亿只，是中华人民共和国成立初期的 24 倍。其中，山东、河北、广东、江苏、四川、湖南、湖北、安徽、广西、辽宁是目前我国畜禽存栏量最多的省份，1999 年这 10 个省份的存栏量均超过 2 亿只，而其总的存栏量之和更是占全国总存栏量的 75%。其中，以河北、辽宁、山东、河南四省所呈现的家禽饲养量增值速度最快。在 1990 年到 1999 年的时间段内，禽肉产量增长迅速，呈现为：1999 年的产量为 1989—1991 年平均值的 2.3 倍。但是，在产量飞增的同时，各省区间的肉禽饲养出现发展水平不平衡，从地区范围上看，东部比西部发展快，北方发展比南方快；从禽肉产量来看，1999 年全国禽肉产量最高的省份是山东，其他部分省份产量如下图 1.3 所示。由图也不难得出这些产量高的省份大多是我国的禽肉出口基地，通过调查也可以得出，北方大部分省份以生产规模化最大的白羽肉鸡为主，南方的广东、江苏等省份则以生产耐粗食、肉质优异的黄羽肉鸡为主。

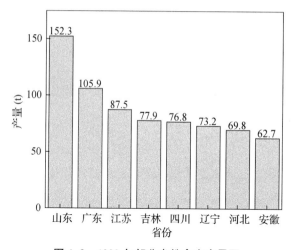

图 1.3　1999 年部分省份禽肉产量图

而对我国各省区市人均禽肉占有量进行分析，可以得出过去 10 年间我国人均禽肉占有量有了很大的增长，这归咎于全国禽肉产量增长。1989—1991 年全国人均禽肉占有量为 2.95 kg，1999 年为 9.11 kg。下表 1.12 显示了我国主要省区市该时间段人均禽肉占有量的变化情况，其中占有量水平最高的省市为吉林省，达到了人均 29.79 kg 的禽肉占有量。不仅如此，从人均占有量的增速来看，吉林的增长速度也达到最快，为全国第一。这也充分体现了我国的粮食大省对于发展畜禽产业的重视程度，也体现了地区优势对于肉禽产业增长的优势。我国禽肉的人均占有量虽然已经从 1991 年的 3.9 kg 上升到 2000 年的 9.8 kg,但消费增长的潜力仍然很大,与世界上许多地区的平均消费水平相比,我国的消费水平还很低,随着经济发展和人民收入水平的进一步提高,所以此时我国的人均禽肉消费量还有很大的增长潜力(陈红跃 等,2014)。

表 1.12 我国部分省区市人均禽肉占有量   单位:kg

	1989—1991 年	1999 年
全国	2.95	9.11
河北	1.03	10.57
吉林	3.27	29.79
山东	3.93	17.07
江苏	5.43	12.49
上海	10.77	20.95
天津	2.06	4.75
河南	1.26	5.45
北京	6.85	15.16
黑龙江	2.81	8.2
安徽	3.64	10.11

数据来源:中国统计年鉴。

而近 10 年中,我国禽肉生产的增长速度是所有肉类中最高的,增幅将近 40%。同样据《中国统计年鉴》数据,我国居民人均肉类的年消费结构发生变化:猪肉目前仍是中国人餐桌上肉食的首选,但消费量已逐年发生下降(图 1.4)。同样,猪肉消费占整个肉类的消费比例不断下降,从 1991 年到 2017 年,在国人的肉类饮食结构中,猪肉占比下降 9.88%。而 2013 年到 2016 年,我国人均禽类产品消费量由 7.2 kg 上升为 9.1 kg,年均增加 8.1%。由图 1.5 可知,2019 年,我国禽肉产量为 $2\,239 \times 10^7$ kg;我国禽蛋产量为 $3\,309 \times 10^7$ kg。2020 年,禽肉产量 $2\,361 \times 10^7$ kg,较 2019 年约增长 5.4%;禽蛋产量 $3\,468 \times 10^7$ kg,较 2019 年约增长 4.8%(孙泽祥 等,2012)。如表 1.13 和表 1.14 所示,2020 年我国家禽出栏量约达 146.4 亿只,畜禽业总产值达到 33 031.18 亿元。

表 1.13　2020 年我国部分省市主要畜禽年出栏量

	猪(万头)	牛(万头)	羊(万只)	家禽(万只)	兔(万只)
全国	54 419.2	4 533.9	31 698.9	1 464 062.2	3 132.1
北京	28.4	4.2	22.6	1113.1	1.5
天津	197.8	14.1	34.2	6 786.5	3.7
河北	3 119.8	349.1	2 234.5	66 628.3	293.5
山西	739.9	44.8	554.6	14 055.6	166.3
内蒙古	758.4	383.3	6 458.3	10 598.0	335.4
辽宁	2 240.2	188.1	601.6	81 610.3	25.4
上海	117.8	0.0	14.0	844.5	4.7
江苏	1 921.8	16.1	639.4	69 960.9	1 410.7
浙江	756.1	8.6	134.5	19 501.2	271.5
安徽	2 292.6	61.8	1 314.1	10 3151.2	160.8

表 1.14　2020 年我国部分省市畜禽业分项产值　　　　　　　　单位:亿元

	畜禽业总产值	牲畜饲养	猪饲养	家禽饲养	其他畜禽业
全国	33 031.8	8 952.0	13 207.2	9 598.2	1 274.4
北京	49.4	19.7	5.9	23.2	0.6
天津	100.5	35.9	39.5	25.0	0.1
河北	2 035.4	687.7	730.1	498.5	119.1
山西	478.5	167.0	169.8	135.5	6.2
内蒙古	1 390.7	1 141.5	138.3	107.5	3.4
辽宁	1 479.1	490.8	302.9	674.2	11.2
上海	48.3	15.9	25.1	7.2	0.1
江苏	1 211.8	102.7	434.0	565.8	109.3
浙江	391.6	27.6	217.9	94.0	52.1
安徽	1 626.5	229.5	755.6	558.5	82.9

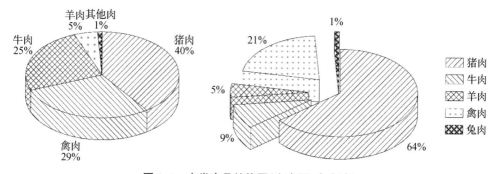

图 1.4　肉类产品结构图(左中国,右全球)

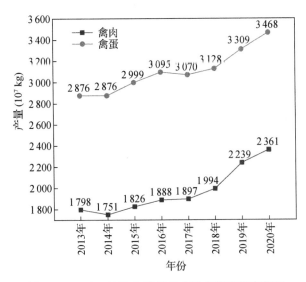

图 1.5　2013—2020 年我国禽肉及禽蛋产量变化图

综上,近 50 年的发展中,我国已经成为世界养殖第一大国,畜禽业产值已高达 3 万亿元(表 1.14)。当然畜禽业也面临着诸多问题,如:适养空间越来越小、疫病防控越来越难等挑战,但是畜禽业确实得到了良好的发展,已从 1978 年占大农业份额的 15.0% 提高到现在的 33.3%。而且畜禽业的发展方向也逐渐从单纯地追求数量转为数量、质量并重,效率、安全与环保并进。这也代表我国畜禽业正由传统的养殖方式向现代养殖方式转变。在我国畜牧业发展的同时还带动了苗种繁育、饲料加工、自动化养殖、污水废水处理、产品包装加工、自动检测等相关行业的发展,也创造了大量就业机会,直接从事养殖的农户有 1.3 亿户,为国民经济发展做出了巨大贡献。

2 畜禽养殖业污染现状

本书介绍的畜禽养殖业废水、废气、固体废弃物(以下简称"固废")污染主要针对集约化畜禽养殖场。集约化畜禽养殖场是指在较小的场地内,投入较多的生产资料和劳动,采用新的工艺与技术措施,进行精心管理的畜禽养殖场。其一般是指存栏数为300头以上的养猪场、50头以上的奶牛场、100头以上的肉牛场、4 000只以上的养鸡场、2 000只以上的养鸭场或养鹅场。而畜禽养殖废水主要来自畜禽尿液、冲洗及生产用水。畜禽排污量已大大超过了人生活排污量,一头奶牛相当于16个人的排泄量,一头猪相当于2个人的排泄量。畜禽养殖场废气主要来源于畜牧场圈舍内外和粪堆、粪池、厕所周围的空间,其污染主要是有机物分解产生的恶臭以及有害气体(如硫化氢、氨气、粪臭素)和携带病原微生物的粉尘。

2.1 畜禽养殖业废水污染现状

畜禽养殖废水是指由畜禽养殖场产生的尿液、全部粪便或残余粪便及饲料残渣、冲洗水及工人生活、生产过程中产生的废水的总称,其中冲洗水占大部分[《畜禽养殖业污染治理工程技术规范(HJ 497—2009)》]。其中含有大量污染物质,直接排入水体会造成环境污染和生态破坏。

2.1.1 养殖废水性质

畜禽养殖废水的性质特征主要与养殖物种、冲洗方式、养殖地区等因素有关。养殖废水的一般物理性质、化学性质、生物性质及其污染指标分述如下:

1) 废水的物理性质及指标

养殖废水物理性质的主要指标包括温度、色度、臭味、固体含量及泡沫等(张自杰 等,2015)。

（1）温度　养殖废水温度受畜禽粪污和冲洗水温度的影响,废水水温与废水的物理、化学、生物性质直接相关,直接影响废水的处理效果。为保证后续处理质量,废水的温度宜控制在5～40 ℃之间。梁桎钧等(2021)发现在此范围内,温度对废水中化学需氧量(Chemical Oxygen Demand,COD)的处理效果影响不大,但温度降至12 ℃以下时,氨氮和总氮的去除率会显著下降。

（2）色度　废水中含有的各种杂质(悬浮物、胶体、溶解态物质)会影响废水的颜色。养殖废水由于所含杂质不同,如金属元素和有机化合物而呈现不同的颜色。如果废水中微生物和藻类大量繁殖也会使废水水质改变。

（3）臭味　纯净的天然水是无臭无味的。水中的有机物和致臭物质会使水产生嗅味。臭味作为感官指标,可以定性反映废水中某类污染物的存在。水中植物、微生物等的繁殖和腐烂,有机物质分解腐败,以及溶于水的恶臭气体(如 NH_3、SO_2、H_2S)等都会使水产生特殊的臭味。

（4）固体含量　废水中的固体按存在形态不同可以分为:溶解态、胶体、悬浮物质三种;按其化学性质可分为无机物质和有机物质。为表征废水中的固体含量,可以采用总固体量(Total Solids,TS)。总固体量是指一定量废水在105～110 ℃的烘箱中烘干所剩余残渣量。总固体量通常用百分含量表示,计算方法如下:

$$TS(\%) = \frac{W_2}{W_1} \times 100\%$$　　　　　　(2.1)

式中,W_1 为烘干前废水质量,g;W_2 为烘干后残渣质量,g。

悬浮固体(Suspended Solids,SS)或悬浮物是指废水中不能通过一定孔径滤膜的固体物质,单位用 g/L 或 mg/L 来表示。悬浮固体中又含有无机物和有机物,因此又可将其分为挥发性悬浮固体(Volatile Suspended Solids,VSS)和非挥发性悬浮固体(Nonvolatile Suspended Solids,NVSS)。挥发性悬浮固体是指将悬浮固体在高温(550 ℃以上)下灼烧1 h 后挥发的物质质量,单位用 g/L 或 mg/L 表示。灼烧后剩余固体即为非挥发性悬浮固体。

2）废水的化学性质及指标

污水中的污染物质,按化学性质可分为无机物和有机物,按存在的形态可分为悬浮状态与溶解状态。

（1）营养物质　主要包括废水中的氮磷等物质,这类物质是微生物和植物生长所必需的营养物质,但不经处理直接排放会导致水体富营养化。污水中含氮化合物有四种:氨氮、有机氮、亚硝酸盐氮与硝酸盐氮。氨氮($NH_3 - N$)能以离子态

（NH$_4^+$）和非离子态（NH$_3$）的形式存在水中。有机氮不稳定，容易在水中分解成其余三种含氮化合物。氨氮和有机氮之和称为凯氏氮（Kjeldahl Nitrogen，TKN）。氨氮氧化后成为亚硝酸氮（NO$_2^-$ – N），进一步氧化后成为硝酸氮（NO$_3^-$ – N）。废水中各类有机氮和无机氮的总和称为总氮（TN）。由此可见总氮与凯氏氮之差值，约等于亚硝酸盐氮与硝酸盐氮；凯氏氮与氨氮之差值，约等于有机氮。废水中的含磷化合物包括葡萄糖-6-磷酸、2-磷酸-甘油酸等的有机磷以及正磷酸盐（PO$_4^{3-}$）、偏磷酸盐（PO$_3^-$）、磷酸氢盐（HPO$_4^{2-}$）等。

（2）酸碱度　酸碱度用 pH 表示，pH 等于水中氢离子浓度的负对数。pH 是废水化学性质的重要指标。当 pH 超出 6～9 的范围时，会对人、畜造成危害，并对污水的物理、化学及生物处理产生不利影响。尤其是 pH 低于 6 的酸性污水，对管渠、污水处理构筑物及设备会产生腐蚀作用。碱度是指水中能与强酸发生中和反应的物质的量。污水所含碱度，对于外加的酸、碱具有一定的缓冲作用，可使污水的 pH 维持在适宜于好氧菌或厌氧菌生长繁殖的范围内。

（3）重金属　重金属是指密度大于 4.5 g/cm^3 的金属。废水中的重金属达到一定浓度时会对生物和生态环境造成危害。其中，危害较大的有汞（Hg）、镉（Cd）、铅（Pb）、铬（Cr）、锌（Zn）、铜（Cu）等。

（4）有机物　畜禽养殖废水中所含有的有机物主要来自畜禽排泄物和饲料残渣。主要成分是碳水化合物、蛋白质、脂肪与尿素。组成元素是碳、氢、氧、氮和少量的硫、磷、铁等。有机物按被生物降解的难易程度可分为可生物降解有机物和难生物降解有机物。但两种有机物都可以被氧化成无机物，前者可以被生物氧化，后者可以被化学氧化或被经过驯化、筛选后的微生物氧化。从水体中的所有有机污染物来看，由于其种类繁多难以区分并定量，且主要消耗溶解氧。实际工作中也可以采用可被氧化这一特性来描述，运用降解有机物过程中消耗的氧量来定量描述有机物的量。主要指标有生物化学需氧量（Bio-Chemical Oxygen Demand，BOD）、总需氧量（Total Oxygen Demand，TOD）、总有机碳（Total Organic Carbon，TOC）等。

BOD 主要指在 20 ℃好氧的条件下，微生物（主要是细菌）将废水中的有机物分解成无机物所消耗氧的量，单位是 mg/L 或 g/L 表示。由于有机物生化时间较长，因此可以采用废水经过 5 天时间培养所消耗的氧量来表示，记为 BOD$_5$。COD 是指用强氧化剂（我国法定用重铬酸钾），在酸性条件下，将有机物氧化成 CO$_2$ 与 H$_2$O 所消耗氧化剂中的氧量，称为化学需氧量，用 COD$_{Cr}$ 表示。重铬酸钾氧化能力较强,可以较完全地氧化水中的有机物。此外,还可以采用高锰酸钾作为氧化剂,用COD_{Mn}来表示。采用 COD 来描述有机物的浓度,可以克服 BOD_5 测定时间长、误差较大的缺点。COD 的数值大于 BOD_5,两者的差值大致等于难生物降解有机物量。因此,废水的可生化性可以用 BOD_5 和 COD 的比值来表示。一般认为 BOD_5/COD 小于 0.3 时,废水不宜采用生物法进行降解。TOD 是指废水中所有有机物在 900 ℃的燃烧管中燃烧所消耗的氧量,包括 C、H、N、S、P 等还原性元素。TOC 是指废水中所有有机物的含碳量,是近年国内外开始使用的表示有机物浓度的一项综合指标。其测定原理是先将水样酸化,再以压缩空气去除水中的无机碳酸盐排除干扰,然后将废水在 900 ℃的燃烧管中燃烧,分析产生的 CO_2 的量,即可求得 TOC。

畜禽粪便中含有大量有机物。1999 年,全国畜禽粪便产生量约为 19×10^{12} kg,是工业固废量的 2.4 倍;畜禽粪便中包含了大量有机污染物,其中 COD 达 $7\ 118 \times 10^7$ kg,远远超过了工业和生活污水中 COD 总和。2005 年,全国主要畜禽种类的粪便产生量约为 30.87×10^{12} kg,其中 COD 含量约为 $7\ 741 \times 10^7$ kg,是工业和生活污水排放 COD 总量的 5.07 倍。表 2.1 列出了生活污水、牛粪水、猪粪水、奶牛场废水、养鸡废水中的 BOD_5 含量,不难发现,养殖废水的生化需氧量同样远高于生活污水,因此也需要更彻底的生化处理。

表 2.1　不同废水 BOD_5 含量(秦伟 等,2006;薛嘉 等,2009)

废水种类	生活污水	牛粪水	猪粪水	奶牛场废水	养鸡废水
BOD_5(mg/L)	200~400	10 000~30 000	16 000~30 000	90 000~140 000	300~600

郭德杰等(2011)监测了江苏省某猪场不同猪群的猪粪和猪尿,结果如表 2.2~表 2.3 所示。我们可以发现不同猪群粪尿中的有机质与各种养分含量都不相同。哺乳仔猪的粪尿中所含有的氮磷钾养分较高,而育成猪和育肥猪粪尿中的有机质含量较高。奶牛养殖所产生的废水大约为每天每头 0.03 m^3,奶牛场产生的废水大多 COD、BOD、NH_3-N 和 SS 等指标较高(周若琛,2016),见表 2.4。此外,由于冲洗水会配合清洁剂共同使用,废水中化学物质成分较多,组成复杂。但近年来,我国养殖户开始逐步接受养殖废水处理后的循环利用。养殖废水的特性也会随着养殖物种、养殖方式、季节变化、饲料种类的变化而变化。相较于猪、牛等大型牲畜,养鸡场所排放的废水有机污染物和氮磷钾养分较低,原水中总氮(TN)、氨氮(NH_3-N)、总磷(TP)和化学需氧量(COD)的变化范围

为 135.00～339.23 mg/L、43.57～142.00 mg/L、27.43～56.5 mg/L 以及 646.67～2 823.33 mg/L,经过氧化塘工艺就可以降解得较为彻底(张希瑶 等, 2021)。

表 2.2 江苏省某猪场干粪养分含量(郭德杰 等,2011)

项目	公猪	母猪	哺乳仔猪	保育猪	育成猪	育肥猪
有机质(%)	52.54	49.91	51.42	60.97	61.76	65.13
全氮(g/kg)	27.32	24.2	42.33	36.35	34.19	31.19
全磷(g/kg)	19.17	20.73	16.85	16.45	15.39	15.72
全钾(g/kg)	9.06	9.62	13.2	9.7	8.34	8.87

表 2.3 江苏省某猪场尿液养分含量(郭德杰 等,2011)

项目	公猪	母猪	哺乳仔猪	保育猪	育成猪	育肥猪
铵态氮(g/L)	2.04	1.62	2.12	1.8	1.93	1.96
全氮(g/kg)	2.57	1.88	2.36	2.31	2.07	2.24
全磷(g/kg)	0.36	0.35	0.53	0.46	0.42	0.39
全钾(g/kg)	1.14	1.43	1.94	1.89	1.85	1.83

表 2.4 奶牛场废水水质(周若琛,2016)

指标	单位	范围	排放标准
pH		7.22～7.40	6～9
COD	mg/L	2 048～12 828	≤400
BOD	mg/L	685～2 633	≤150
NH_3-N	mg/L	59.5～138	≤80
TP	mg/L	90～216	≤8.0
TSS	mg/L	1 192～7 823	≤200

注:TSS 为总悬浮固体。

整个猪场的废水量理论上等于生产用水量、猪粪量、猪尿量、其他残余物量之和减去饮水量及猪舍内外损失量。由于猪粪量、猪尿量、其他残余物量和饮水量在整个废水中所占的比例较小,这两部分大体可以相抵(表 2.5)。因此,猪场的废水量可视为生产用水量减去猪舍内外损失量。因为生产用水量约占全场用水量的

80%,而猪舍内外渗透、蒸发等损失的量约占生产用水量的10%,因此,猪场的废水量约为用水量的70%。

表 2.5 年出栏万头规模猪场尿污水量估算

猪群	日龄(d)	数量(头)	单位尿排放量 [kg/(头·d)]	单位冲洗水量 [kg/(头·d)]	尿排放量 (kg/d)	污水排放量 (kg/d)
生产母猪	365	533	6.4	30	3 411.2	15 990
后备母猪	180	176	4.2	20	738.7	3 517.8
公猪	365	21	8.3	25	177	533
后备公猪	180	7	4.2	20	29.5	140.7
哺乳仔猪	<28	824	1.4	5	1 154	4 121.5
保育猪	28~70	1 175	3.4	10	3 993.7	11 746.2
育成猪	90	548	3.9	15	2 137.8	8 222.3
育肥猪	180	2 467	4.2	20	10 360.2	49 334.1
合计		5 751			22 002.1	93 605.6

在节水型水冲粪或者干清粪不彻底的情况下,年出栏万头规模猪场粪尿污水量可参考表 2.5 的估算数据。《畜禽养殖业污染物排放标准》(GB 18596—2001)要求的集约化猪场最高允许排水量见表 2.6。根据表 2.6 的数据可知,采用干清粪工艺,年出栏万头肥猪规模猪场粪尿污水量冬季不超过 70 m³/d,夏季不超过 110 m³/d;采用水冲粪工艺,冬季不超过 150 m³/d,夏季不超过 210 m³/d。

表 2.6 集约化猪场最高允许排水量

工艺	水冲粪工艺		干清粪工艺	
季节	冬季	夏季	冬季	夏季
标准值[m³/(百头·d)]	2.5	3.5	1.2	1.8

对畜禽的粪便采用不同的清粪方式也会对养殖废水的水质水量产生影响,各类污染物的浓度与清粪方式十分密切(见表 2.7)。干清粪是指粪便一经产生就通过机械或人工收集、清除,尿液、残余粪便及冲洗水则从排污口排出(邓良伟 等,2017)。水冲粪是将畜禽排放的粪尿和冲洗水混合引入粪沟,每天数次从粪沟一端防放水冲洗的清粪方式。粪沟内的废水沿粪沟进入主干沟后流出。水泡粪是从水冲粪工艺的基础上改进而来的,在集粪沟内注入一定量的水,粪尿、冲洗用水和管

理用水一并排放入集粪沟中,待一至二个月集粪沟接近装满后,将里面的废水与污物一并排出的清粪方式。

表 2.7　不同清粪方式对水质水量的影响(秦伟 等,2006)

项目		水冲粪	水泡粪	干清粪
水量/10^{-3} m³/(头·d)		35~40	20~25	10~15
水质指标 (mg/L)	BOD₅	7 700~8 800	1 230~15 300	3 950~5 940
	COD	1 700~19 500	2 720~34 000	8 790~13 200
	SS	1 030~11 700	164~20 500	3 790~5 680

3) 废水的生物性质及污染指标

污水中的有机物是微生物的营养来源,污水中的微生物以细菌和病毒为主。畜禽养殖废水中的微生物可能含有肠道病原菌(如痢疾、霍乱菌等)、寄生虫卵(蛔虫、蛲虫、钩虫卵等)、炭疽杆菌与病毒(脊髓灰质炎、腮腺炎、麻疹等)。污水中的寄生虫卵,约有80%以上可在沉淀池中沉淀去除。但病原菌、炭疽杆菌与病毒等,不易沉淀,在水中存活的时间很长,具有传染性。

污水生物性质的检测指标有大肠菌群数(或称大肠菌群值)、大肠菌群指数、病毒及细菌总数。

2.1.2　养殖废水对水环境生态的影响

畜禽养殖废水中的各类污染物若处理不当,极易对现有的水生态环境造成恶劣后果和严重的不良影响。

1) 富营养化

当排入水体的污染物在一定限度内时,由于水体的自净作用并不会有特别大的危害。但是当排入水体的氮磷元素过量时,就会引起水体的富营养化。畜禽养殖废水中就含有大量的氮磷钾等营养元素,如未经适当处理就排入水体,常会导致水体中藻类和浮游水生动物迅速大量繁殖,水中的溶解氧含量急剧下降。最后由于缺少必需的溶解氧,各类好氧水生生物死亡,水中厌氧微生物大量繁殖,水体颜色发黑,通常还伴有恶臭,水体难以在自然条件下进行自净与恢复。

从水生态的结构与平衡来看,结构完整的水生态系统具有完整的物理循环、生物循环,有足够的稳定性,可以在一定程度上自我调节、恢复(孙涛 等,2004)。但是随着畜禽养殖废水的排入和水体富营养化的发展,水体生态系统会逐渐经历生物多样性下降、群落结构趋于单一和丧失稳定性的现象。因此,养殖废水必须经过处理达到标准后才可以排放入水体,采用厌氧或好氧生物处理、氧化塘等生态处理方式可以极大地降低废水的危害性,详见本书第 3、4、5 章。

2) 抗生素的危害

近年来,随着养殖业的快速发展,抗生素被广泛添加在饲料中用于预防畜禽疾病,促进畜禽生长。这些抗生素只有少部分可以被畜禽吸收利用,其余会随着畜禽的尿液和粪便排出,又经过生活污水厂,最后由于无法被降解处理而排入环境中。据调查显示,在中国,2013 年有超过 53 000 t 的抗生素被排入环境中(Zhang et al.,2015),环境中残留的抗生素可能对非靶向生物体产生不利影响,造成食品和饮用水供应的污染,并增加细菌耐药性。在作物、动物和人类中使用抗生素可以变为持续向环境输出抗生素,并可能产生新的抗生素抗性基因和抗生素耐药菌(Ashbolt et al.,2013)。最近的流行病学研究评估了饮用水中的抗生素耐药菌和家庭成员共生大肠杆菌的易感性,已有研究报道水体中的耐药性大肠杆菌是人体内耐药性大肠杆菌的来源(Coleman et al.,2012)。这些耐药基因与耐药细菌的产生会对人体健康和生态环境形成巨大威胁,是目前研究的热点问题。

2.1.3 养殖废水排放标准

近年来,由于养殖业的快速发展,我国针对畜禽养殖业所产生的污染物提出了一系列的规范和技术标准。其中最为重要的是《畜禽养殖业污染物排放标准》(GB 18596—2001)以及《畜禽养殖业污染治理工程技术规范》(HJ 497—2009)。《畜禽养殖业污染物排放标准》对集约化畜禽养殖业水污染物最高允许日均排放浓度做了规定,见表 2.8。

表 2.8 集约化畜禽养殖业水污染物最高允许日均排放浓度

控制项目	五日生化需氧量 (mg/L)	化学需氧量 (mg/L)	悬浮物 (mg/L)	氨氮 (mg/L)	总磷 (以 P 计) (mg/L)	粪大肠菌群数 (个/100 mL)	蛔虫卵 (个/L)
标准值	150	400	200	80	8	1 000	2

2.2 畜禽养殖业废气污染现状

为了满足人民对肉类消费的需求,中国畜禽养殖业在过去几十年时间迅猛发展。然而由于我国畜禽养殖业长期采用粗放型管理模式,畜禽粪便、废水、废气随意排放等问题普遍存在,造成了严重环境污染。本书所讲的畜禽养殖废气主要就是指畜禽养殖过程中产生的恶臭性气体,根据《畜禽养殖业污染物排放标准》(GB 18596—2001)的定义,恶臭性气体指一切刺激嗅觉器官,引起人们不愉快及损害生活环境的气体物质。

2.2.1 畜禽养殖废气的来源、成分和特点

1) 畜禽养殖废气的来源

畜禽养殖废气来源主要有两个来源,外源性来源和内源性来源。外源性来源是微生物利用自身酶的作用分解畜禽养殖过程中产生的畜禽排泄物、垫料、残余饲料和动物尸体,并将其转化为恶臭性气体。内源性来源是畜禽呼吸作用、畜禽体表蛋白的分解、畜禽消化道内的有机物分解和畜禽身体内各种腺体的分泌物等产生的恶臭性气体。

畜禽养殖场内废气的主要来源有:养殖舍、废物贮存与处理场所(堆肥车间和污水处理车间)、饲料间、粪污施用区域等。

2) 畜禽养殖废气的主要成分

畜禽养殖废气的成分和畜禽养殖的种类有关,不同养殖动物排放的恶臭性气体不尽相同,不同畜禽粪便被降解产生的气体成分也不同,一般鸡粪降解的挥发出来的恶臭气体是氨气和二甲二硫,而猪和牛等大型牲畜粪便被降解挥发出来的恶臭气体主要是低级挥发性脂肪酸。由于许多畜禽养殖场缺乏管理和监管,很多牲畜产生的尿液和粪便被随意堆放,在此过程中也会产生大量的恶臭性气体,在堆放前期主要产生硫化氢气体、少量的有机酸和氨气,在堆放后期主要产生氨气。

畜禽养殖场对空气的污染主要来源于畜牧场圈舍内外和粪堆、粪池、厕所周围的空间。其污染主要是有机物分解产生的恶臭以及有害气体(如硫化氢、氨气、粪臭素)和携带病原微生物的粉尘。养殖场臭气的产生,主要有两类物质,即碳水化合物和含氮有机物。卢峥(1998)认为畜禽养殖场臭味形成的最主要的两种成分是 NH_3 和 H_2S。根据元素组成又可将臭气分为:①含氮化合物,如氨气、酰胺、胺类、吲哚类等;②含硫化合物,如硫化氢、硫醚类、硫醇类等;③含氧组成的化合物,如脂肪酸;④烃类,如烷烃、烯烃、炔烃、芳香烃等;⑤卤素及其衍生物,如氯气、卤代烃等。

在《畜禽养殖业污染治理工程技术规范》(HJ 497—2009)的总结中,畜禽养殖

场的臭气主要来自蛋白质废弃物的厌氧分解,这些废弃物包括畜禽粪尿、皮肤、毛、饲料和垫料。而大部分臭气是粪尿厌氧分解产生的。畜禽排泄物中的有机物主要由碳水化合物和含氮有机物组成,在一定情况下,这些粪便发酵及含硫蛋白分解产生大量氨气和硫化氢等臭味气体。目前已鉴定出的恶臭成分在牛粪中有 94 种,猪粪中有 230 种,鸡粪中有 150 种。这些恶臭成分可分为挥发性脂肪酸、醇类、酚类、酸类、醛类、酮类、胺类、硫醇类,以及含氮杂环化合物等 9 类有机化合物和氨、硫化氢两种无机物。恶臭程度与畜禽种类、饲料、畜舍结构以及清粪工艺类型等有关。

3)畜禽养殖废气的主要特点

(1)扩散速度快、范围广　畜禽养殖场大多采用自然通风或者机械通风的方式,将养殖舍内的废气排放到大气中,进而降低舍内废气的浓度,使其达到排放标准。这些废气进入大气后在大气湍流和风的作用下快速扩散到周围环境中去,造成了大范围、大面积的污染。目前虽然还没有研究测量畜禽养殖场废气的产生量,但研究指出一座 1 万头的养猪场,其臭气污染范围达 5 000 m。

(2)浓度低、排放量大、危害大　畜禽养殖场为了降低畜禽养殖舍内的臭气的浓度,通常采用自然或者机械通风的方式排放气体,臭气通常被稀释到很低浓度,一般不会超过 20 mg/L。然而,由于畜禽养殖数目庞大,每年排放到大气中的污染物总量巨大,有研究表明,一头猪平均每小时可产生 0.09 m^3 的恶臭性气体(气温低时减半),仅 2018 年我国生猪出栏就有近 7 亿头,仅仅养猪业每年就要产生近 5 500 亿 m^3 的恶臭气体,这些恶臭性气体不仅影响人的健康,同时会影响畜禽生长发育,导致养殖场的减产,造成一定的经济损失。此外,这些恶臭性气体中蕴含的颗粒物可以构成雾霾中的"原核"物质;氨气和硫氧化物、氮氧化物经过光化学反应会转化为亚硫酸铵、硝酸铵等二次污染物,形成了雾霾中的二次颗粒物质;挥发性有机物(VOCs)成分复杂,其中许多具有毒性甚至致癌作用;上述污染物参与大气光化学反应,会促进大气中的臭氧及二次有机气溶胶的形成,同时加剧全球温室效应。

(3)收集、测定和评价难度大　畜禽养殖场内废气的来源众多,畜禽养殖舍、饲料存贮间、粪尿处理间等设施都会产生恶臭性气体,想要完全收集有很大的难度。恶臭性气体的成分有成百上千种,并且相互之间会产生影响,难于将每种成分检测,只能测定其中的主要成分。对于废气的评定,国内外通常采用嗅阈值来评价,然而人对恶臭物质的敏感程度以及反应阈值有差异性,有时候甚至非常低的浓度也能使人产生厌恶不适感,从而使得恶臭物质在测定评价上难度较大。

（4）废气治理难度很大　畜禽养殖废气成分复杂，不同组分的物理、化学性质相差很大，综合治理废气的难度很大，很难将废气中的恶臭成分完全去除。恶臭性气体没有固定的扩散方式，一旦进入大气就会很快扩散到环境中，很难收集处理。此外，畜禽养殖过程中恶臭性气体来源广泛，难以集中治理。另外，由于我国畜禽养殖排放标准中只规定了臭气排放的无量纲浓度，没有具体的排放浓度标准，加上监管不力，我国的畜禽养殖场几乎没有恶臭气体排放处理设备，相关人员也缺乏相应的意识，因此畜禽养殖废气的治理控制难度大。

2.2.2　畜禽养殖废气的危害

畜禽养殖过程中产生的恶臭性气体会让人产生不适感和厌恶感，已经超出人体嗅觉与呼吸系统所能承受的上限，严重影响周围居民的生活环境。畜牧业对环境所造成的危害主要包括水体污染、大气污染和土壤污染。

根据相关数据统计，如果一座养殖场年出栏量为 1 万头生猪，那么其挥发性臭气影响范围可达 5 000 m。生猪养殖基地与周边群众在生存层面的冲突，直接导致群众自身的生活规律与健康生活模式被打乱，进而影响所在区域的社会和谐。

畜禽养殖废气产生的恶臭性气体不仅影响人的健康，同时会影响畜禽生长发育（表 2.9）。各类有害气体在封闭空间内会直接进入畜禽的呼吸道，可能会破坏其呼吸道黏膜甚至纤毛，进而导致养殖场的减产，造成一定的经济损失。恶臭性气体如氨气、硫化氢等会刺激畜禽眼结膜、鼻腔黏膜和支气管黏膜，导致黏膜充血、发炎，严重时会使畜禽出现肺水肿、肺出水等症状，甚至导致其死亡。此外，恶臭性气体会破坏畜禽的免疫屏障，降低畜禽的免疫力，并且破坏呼吸系统和循环系统，导致畜禽贫血和缺氧等。同时，生猪粪污如果处理不及时，这些粪污在发酵过程中，同样也会消耗氧气，进而导致生猪呼吸不畅，不仅影响其发育速度，还会导致其自身的健康状况严重下滑。

有研究表明，全球约有 39% 气排放来源于畜禽养殖，而我国的畜牧业氨排放量更是占到了我国氨总排放量的 60%，全球氨排放量的 13.6%。以北京市为例，北京市畜禽养殖每年排放相当于 2.46×10^7 kg 的氨气、2.24×10^7 kg 的硫化氢、1.2×10^6 kg 的 VOCs、1.4×10^6 kg 的悬浮物颗粒物，折算氧化物排放量氮氧化物、二氧化硫占北京市总排放量的 39.9%、18.4%。

表2.9 主要废气的产生原因及危害

化学名称	分子式	气味	产生原因 （畜禽舍内）	危害
氨	NH_3	强刺激气味	细菌和酶分解粪便产生	刺激家畜外黏膜，引起黏膜充血、喉头水肿，氨气进入呼吸道可引起咳嗽、气管炎和支气管炎、呼吸困难和窒息等
硫化氢	H_2S	腐败鸡蛋味	粪便中含硫有机物厌氧降解	刺激黏膜，畜禽出现畏光、咳嗽、鼻炎、气管炎等症状；长期环境下，体质变弱，易发生肠胃病，并会出现多发性神经炎
挥发性脂肪酸（VFA）	CH_3COOH CH_3CH_2COOH等	刺激性腐败气味	—	对畜禽的眼睛和呼吸道黏膜有刺激性，引起动物烦躁不安、食欲减退、抗病力下降，易发生呼吸道疾病

2.2.3　国内外畜禽养殖恶臭性气体排放标准

　　世界上第一个对恶臭性气体污染防治进行立法的国家是日本，1971年日本颁布实施了《恶臭防治法》，该法规列举了8种常见的恶臭性气体的浓度和恶臭的强度关系。同年，美国也颁布了《清洁空气法》，英国环境署在2003年1月颁布了《综合污染防治》和《恶臭标准指导》。由于畜禽养殖排放的恶臭性气体的种类繁多，不可能进行一一检测和评定，因此很多国家和地区只对常见的恶臭性污染物制定相关的排放标准。我国在借鉴了日本《恶臭防治法》并且参照了《环境空气质量标准》（GB 3095—2012）后，提出了《恶臭污染物排放标准》（GB 14554—1993），该标准分年限规定了8种（氨、甲硫醇、硫化氢、三甲胺、甲硫醚、二硫化碳、二甲二硫、苯乙烯）恶臭性气体的一次性排放最大值、复合恶臭物质的臭气浓度限值及无组织排放源的厂界浓度限值。

　　由于畜禽养殖业的迅速发展，畜禽养殖行业需要更加具体的标准规范，之后我国便制定了《畜禽场环境质量标准》（NY/T 388—1999）。然后于2001年继续制定了《畜禽养殖业污染物排放标准》（详见附录），规定了臭气浓度的排放标准值为70，进一步对畜禽养殖过程排放的恶臭性气体确定了相关限制标准。为配合标准的有效实施，后续还编制了《畜禽养殖业污染防治技术规范》（HJ/T 81—2001）、《畜禽养殖业污染治理工程技术规范》（HJ 497—2009）和《畜禽规模养殖污染防治条例》(2013.11)，为广大畜禽养殖业从业者提供了规范指导，有效促进了畜禽养殖业的规范化、标准化、现代化，具体时间见图 2.1。

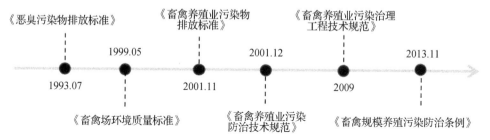

图 2.1　我国畜禽养殖臭气相关标准、规范、条例时间轴

2.3　我国畜禽养殖业固废污染现状

2.3.1　我国畜禽粪便排泄量

在畜禽养殖中，产生最大的污染物就是畜禽的排泄物，它是养殖场对环境污染的主要污染源。同时畜禽排泄物除在数量上十分巨大外，还在地理分布上存在着集中在大城市周围的特点。这是由于受到经济和社会发展规划的影响，大部分集约化、规模化的养殖场都集中在大城市周围（齐新英，1998）。因此不同资料中所列出的数据也存在差距，一般采用的数据是《畜禽养殖业污染治理工程技术规范》(HJ 497—2009)中给出的畜禽粪便日排泄量（表 2.10）。

表 2.10　不同畜禽粪便日排泄量

单位	牛	猪	鸡	鸭
kg/(只·d)	20.0	2.0	0.12	0.13
kg/(只·a)	7 300.0	398.0	25.2	27.3

规模化畜禽养殖场所产生的最主要污染物是粪尿和大量臭气。一座年产万头生猪的大型集约化养猪场，每天排放的粪污可达 $100 \times 10^3 \sim 150 \times 10^3$ kg。在许多省份和地区（特别是城郊和工矿区）畜禽排污量已大大超过了人生活排污量，按排泄量计，一头奶牛相当于 16 个人的排泄量，一头猪相当于 2 个人的排泄量。由表 2.11 可见，据统计数据 1995 年我国仅规模化养殖场畜禽粪便排泄总量在 187 705

$\times 10^7$ kg /a。畜禽粪便中含有大量的 N、P 等营养物,是营养非常丰富的有机肥,但如果不妥善处理便排入环境,将会对水、土壤和空气造成严重的污染,并危及畜禽本身和人体健康。特别是大城市郊区的集约化大型畜禽养殖场,畜禽粪便由于没有出路,长期堆放致使空气恶臭、蚊蝇滋生、污染周围水环境,因此成为环境的重要污染源。

表 2.11　1995 年我国仅规模化养殖场畜禽粪便 N、P 含量及粪便含量

单位:10^7 kg/a

项目	牛	猪	羊粪	家禽粪	总量
全 P	146.1	115.9	16.2	83.5	361.7
全 N	900.0	307.5	82.0	199.6	1 489.1
粪便量	107 533	27 141	34 156	18 875	187 705

2.3.2　固废成分及危害

规模化畜禽养殖方面所形成的粪便中磷、氮、钾、铜、锌等元素含量较大,未经过处理或是处理不当直接排到土壤中,会使土壤出现透水现象或降低其透气性能,引发土壤板结问题,致使其质量方面缺乏保障,且会影响农作物的生长效果,减少其产量。同时,受到规模化畜禽养殖中粪便污染的影响,现代农业发展受到了一定的阻碍,且在重金属元素、残留物质等因素的影响下,可能会扩大规模化畜禽养殖方面粪便污染问题的影响范围。

1) 对土壤的污染

畜禽粪便中含有大量的钠盐和钾盐,如果直接用于农田,过量的钠盐和钾盐通过反聚作用而造成某些土壤的微孔减少,使土壤的通透性降低,土壤透气、透水性下降,板结,破坏土壤结构,严重影响土壤性质,危害植物(曲强 等,2005),也给人和动物的生活和健康造成危害。这种污染有两个特点:土壤污染是大气污染和水体污染的必然结果,土壤污染通过食物和水危害人畜。土壤污染的主要形式:粪便中有机物分解产物污染、粪便中病原微生物和寄生虫污染(李吉进,2004)。

2) 排泄物氮磷污染

日粮中氨基酸平衡不好或蛋白质水平偏高、抗营养因子的作用及植酸的存在等因素,降低了动物对含氮和含磷化合物的吸收,多余的或不配套的氨基酸在体内代谢分解经尿液排出,植酸磷难以被消化也被排出体外,这是排泄物中氮磷的主要

来源。

它不但造成了营养资源的浪费,同时造成了环境中氮磷污染。据计算,一个饲养数量为 10 000 头的养猪场,每年排至环境中的氮为 $1×10^5$ kg,磷为 $3×10^4$ kg。全国每年仅猪粪就可排出 $1.062×10^9$ ～ $2.124×10^9$ kg 磷。如不加以无害处理而随意排放,对地表水和地下水产生极大的污染。未经处理的畜禽粪便中的氮直接或被氧化成硝酸盐后,通过径流、下渗污染地表水和地下水,其中含有的有机污染物流入水域后消耗水中大量溶解氧,造成富营养化,从而使水体变黑发臭(刑廷铣,2001)。

3)病原菌

粪尿及废水中含有大量的有害微生物、致病菌及寄生虫卵。随意废弃未处理的畜禽粪便首先对养殖场的畜禽以及周边的养殖业带来危害,严重时造成灾难性后果。同时,很多病原菌也是人类传染病的病原体。畜粪和排泄物中的病原微生物可以通过污染土壤、水源、大气和农畜产品来传播疾病。世界卫生组织(WHO)与联合国粮食及农业组织(FAO)报道,现已发现 100 余种人畜共患的疾病,其中由猪传播的有 25 种,由禽传播的 24 种,由牛传播的 26 种,羊传播的 25 种,马传播的13 种。

4)畜禽粪便中的重金属对环境的污染

随着畜禽业的规模化、集约化发展,饲料工业也迅速发展。饲料中含有高量的铜、铁、锌等微量元素添加剂。铜可高达数百 mg/kg,锌达数千 mg/kg。据报道,全国每年使用的微量元素添加剂为 $1.5×10^8$ ～ $1.8×10^8$ kg,但由于生物效价低,大约有 $1×10^8$ kg 未被动物利用,随畜粪便排出而污染环境(李庆康等,2000)。

5)粪便中药物添加剂的污染

抗生素和激素是畜禽养殖中药物污染的主要物质。我国已有 17 种抗生素、抗氧化剂和激素类药物作为饲料添加剂。据报道,一些抗生素普遍存在于猪肉、猪肝和肾脏中。特别是国内一些厂家仍使用激活剂(肾上腺素)作为饲料添加剂,严重危害人体健康。这些药物在体内不能完全吸收与分解,能通过粪便排入环境,引起环境生物与微生物生态的变化。

2.3.3 畜禽养殖业固废排放标准

为贯彻《中华人民共和国环境保护法》,控制畜禽养殖业产生的废渣对环境的污染,促进养殖业生产工艺和技术进步,维护生态平衡,我国于 2001 年制定

《畜禽养殖业污染物排放标准》(GB 18596—2001)(详见附录1)。其中规定了规模化畜禽养殖场必须设置废渣的固定储存设施和场所,储存场所要有防止粪液渗漏、溢流措施;用于直接还田的畜禽粪便,必须进行无害化处理;禁止直接将废渣倾倒入地表水体或其他环境中,畜禽粪便还田时,不能超过当地的最大农田负荷量,避免造成面源污染和地下水污染。经无害化处理后的废渣,应符合以下规定(表2.12)。

表 2.12　畜禽养殖业废渣无害化环境标准

控制项目	指标
蛔虫卵	死亡率≥95%
粪大肠菌群数	≤10^5 个/kg

3 畜禽养殖业废水的物理化学处理

鸡场等禽类养殖场的废水由于有较高的产氢潜力,可以用于发酵产氢或者当作生物化肥还田(卢怡 等,2004)。因此本章的畜禽养殖废水主要以猪羊牛等牲口的养殖废水为代表。养殖废水可以通过物理化学处理单元、厌氧或好氧生物处理单元、生态处理单元等工艺单元和技术手段进行降解,达到排放标准。物理处理单元主要包括各种除杂和固液分离的技术手段,例如筛滤、吸附、气浮、离心等。物理处理的主要目的是分离废水中的固体漂浮和悬浮有机物,避免影响后续处理单元设备的正常运行,降低后续处理单元的进水浓度和负荷,有利于废水处理的持续运行。化学处理单元主要包括混凝沉淀和化学氧化的方法。化学处理的主要目的是利用化学方法减少废水中的氮磷等元素,均衡水质,防止水质较大波动对后续处理单元产生冲击,有利于废水的处理与利用。

3.1 物理处理

3.1.1 格栅

猪场废水中的长纤维、塑料袋、手套、毛发等杂物一般用格栅去除。格栅是由一组或数组平行的金属栅条或筛网及相关机关制成,安装在污水渠道、泵房集水井的进口处或污水处理厂的端部,用以截留较大的悬浮物或漂浮物,防止后续处理设备堵塞。被格栅截留的物质称为栅渣。栅渣的含水率为 $70\% \sim 80\%$,容重约为 $750 \ kg/m^3$。根据格栅的形状,可以分为平面格栅、曲面格栅与阶梯式格栅。

平面格栅由栅条与框架组成。它的基本形式见图 3.1。图中 A 型是栅条布置在框架的外侧,适用于机械清渣或人工清渣;B 型是栅条布置在框架的内侧,在格栅的顶部设有起吊架,可将格栅吊起,进行人工清渣。

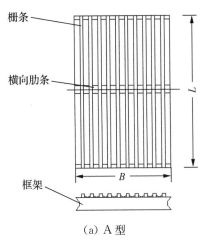

(a) A 型

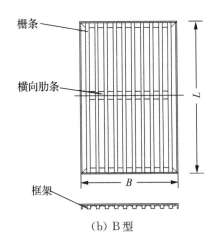

(b) B 型

图 3.1　平面格栅示意图

当采用移动除渣机时,格栅宽度 B 宜大于 4 m,格栅长度 L 以 0.2 m 为一级增长,上限取决于进水渠水深,栅条据外边框的距离 b 可以采用下式确定:

$$b=\frac{B-10n-(n-1)e}{2}, b \leqslant d \qquad (3.1)$$

式中:B——格栅宽度,m;

　　n——栅条根数;

　　e——间隙净宽,m;

　　d——框架周边宽度,m。

曲面格栅又可分为固定曲面格栅与旋转鼓筒式格栅两种。固定曲面格栅利用渠道水流速度推动除渣浆板,而对于旋转鼓筒式格栅,污水从鼓筒内向鼓筒外流动,被格除的栅渣,由冲洗水管冲入渣槽(带网眼)内排出。

阶梯式格栅除污机,是一种将拦污和除污结合于一体的高效细格栅除污设备。它适用于大、中、小型泵站作为精细格栅,拦截、清除水中的漂浮物。阶梯式格栅除污机主要由驱动装置、机架、牵引链条、带提升阶梯的网板及电控系统等主要部件组成。驱动电机安装在机架正向的主轴上,两侧网板在传动链条的带动下,自下而上将其长度范围内截留的污物向上提取,抵达上部时,通过链轮的转向功能,自动完成翻转卸污工作,渣水排入两侧网板之间的集渣槽后自流排出机外。

根据《室外排水设计标准》(GB 50014—2021)中对格栅的要求,格栅栅条间隙宽度应符合下列规定:

①粗格栅:机械清除时宜为 16～25 mm,人工清除时宜为 25～40 mm。特殊

情况下,最大间隙可为 100 mm。

②细格栅:宜为 1.5～10 mm。

③超细格栅:不宜大于 1 mm。

④水泵前,应根据水泵要求确定。

格栅间主要由进水井、过水渠组成。格栅间内的主要设备包括格栅除污机、栅渣压实机、栅渣输送机及吊运设备(陈小燕,1999)。由于格栅需安装在污水处理厂端部,因此格栅间也应当安装在污水泵房前面。废水进入污水处理厂时常常伴有有毒有害气体如硫化氢和氨等,有报告显示长期低浓度吸入氨会导致呼吸系统功能下降(Neghab et al.,2018),严重时甚至可能损伤肝脏,长期低浓度吸入硫化氢有可能会导致呼吸道黏膜刺激症状和眼角膜刺激症状(丁天白 等,2019)。为防止爆炸和保障施工维修人员的生命安全,格栅间内需要设置通风设施以及有毒有害气体的检测与报警装置。

3.1.2 沉淀

根据《室外排水设计标准》(GB 50014—2021),污水处理厂需设置沉砂池和沉淀池。沉砂池和沉淀池的反应机制都是沉淀,即利用水中悬浮颗粒的重力作用使其沉淀,以达到固液分离的效果。沉淀分离运行费用低、操作简便,是一种有效的固液分离手段,广泛应用于废水处理。

1) 沉淀原理

根据悬浮物质的性质、浓度及絮凝性能,沉淀可分为 4 种类型。

第一类为自由沉淀,当悬浮物质浓度不高,在沉淀的过程中,颗粒之间互不碰撞,呈单颗粒状态完成沉淀过程。典型例子是砂粒在沉砂池中的沉淀以及悬浮物质浓度较低的污水在初次沉淀池中的沉淀过程。自由沉淀过程可用牛顿第二定律及斯托克斯公式描述,见式(3.2):

$$u = \frac{\rho_g - \rho_y}{18\mu} g d^2 \tag{3.2}$$

式中:u——颗粒与流体之间的相对运行速度,m/s;

d——颗粒直径,m;

ρ_g——颗粒密度,kg/m^3;

ρ_y——水的密度,kg/m^3;

μ——水的黏度,Pa・s;

g——重力加速度,m/s^2。

由上式可知,颗粒自由沉淀的沉速主要取决于颗粒与液体密度的差值、颗粒直径的平方以及废水黏度。增大颗粒直径、提高水温都有利于颗粒的沉淀。

第二类为絮凝沉淀(也称干涉沉淀),当悬浮物质浓度为 50~500 mg/L 时,在沉淀过程中,颗粒与颗粒之间可能互相碰撞产生絮凝作用,使颗粒的粒径与质量逐渐加大,沉淀速度不断加快,故实际沉速很难用理论公式计算,主要靠试验测定。这类沉淀的典型例子是活性污泥在二次沉淀池中的沉淀。

第三类为区域沉淀(或称成层沉淀、拥挤沉淀),当悬浮物质浓度大于 500 mg/L 时,在沉淀过程中,相邻颗粒之间互相妨碍、干扰,沉速大的颗粒也无法超越沉速小的颗粒,各自保持相对位置不变,并在聚合力的作用下,颗粒群结合成一个整体向下沉淀,与澄清水之间形成清晰的液-固界面,沉淀显示为界面下沉。典型例子是二次沉淀池下部的沉淀过程及浓缩池开始阶段。

第四类为压缩,区域沉淀的继续,即形成压缩。颗粒间互相支承,上层颗粒在重力作用下,挤出下层颗粒的间隙水,使污泥得到浓缩。典型的例子是活性污泥在二次沉淀池的污泥斗中及浓缩池中的浓缩过程。

悬浮物浓度较大时就会出现区域沉淀和压缩。将已知悬浮物浓度 C_0($C_0 >$ 500 mg/L,否则不会形成区域沉淀)的污水,装入沉淀筒内(深度为 H_0),搅拌均匀后,开始计时,水样会很快形成上清液与污泥层之间清晰的界面。污泥层内的颗粒之间相对位置稳定,沉淀表现为界面的下沉,而不是单颗粒下沉,沉速用界面沉速表达。界面下沉的初始阶段,由于浓度较稀,沉速是悬浮物浓度的函数 $u = f(C)$,呈等速沉淀。随着界面继续下沉,悬浮物浓度不断增加,界面沉速逐渐减慢,出现过渡段。此时,颗粒之间的水分被挤出并穿过颗粒上升,成为上清液。界面继续下沉,浓度更浓,污泥层内的下层颗粒能够机械地承托上层颗粒,因而产生压缩区。在直角坐标纸上,以纵坐标为界面高度,横坐标为沉淀时间,作界面高度与沉淀时间关系图,即图 3.2。

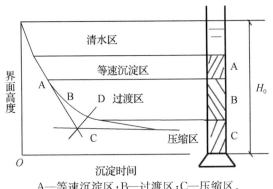

A—等速沉淀区;B—过渡区;C—压缩区。

图 3.2 区域沉淀曲线及装置

2）沉淀设施

畜禽废水处理过程中应用到的沉淀设施主要是沉砂池和沉淀池。

（1）沉砂池 《给水排水设计手册（第3册）》中指出沉砂池可以去除相对密度 2.65、粒径 2×10^{-4} m 以上即比重较大的颗粒，通常设置于泵站、倒虹管前，也可以设置在初次沉淀池之前，用于减轻沉淀池负荷，改善后续处理条件。实际运行中沉砂池还可以去除密度更小的颗粒，因此适用范围较广。三种主要类型的沉砂池为平流沉砂池、曝气沉砂池和旋流沉砂池。

平流沉砂池具有截留无机颗粒效果较好、工作稳定、构造简单、排沉砂较方便等优点，可以采用重力排砂或机械排砂的方法，主要设计参数为：

①最大流速应为 0.30 m/s，最小流速应为 0.15 m/s；

②停留时间不应小于 45 s；

③有效水深不应大于 1.5 m，每格宽度不宜小于 0.6 m。

但平流沉砂池的沉砂中含有大约 15% 的有机物，需要将其清洗并使有机物含量降低至 10% 后才可外运。曝气沉砂池有效地克服了这个缺点，池内的曝气装置设在集砂槽侧，空气扩散板距池底 0.6～0.9 m，使池内的水流做旋流运动，无机颗粒之间的互相碰撞与摩擦机会增加，把表面附着的有机物磨去。曝气沉砂池的主要参数为：

①水平流速不宜大于 0.1 m/s；

②停留时间宜大于 5 min；

③有效水深宜为 2.0～3.0 m，宽深比宜为 1.0～1.5；

④曝气量宜为 5.0～12.0 L/(m•s)空气。

此外，曝气沉砂池进水方向应和池中旋流方向一致，出水方向应和进水方向垂直，并宜设置挡板；池内还应有除砂和撇油除渣的功能区和设备，以充分发挥沉砂池的功能。

旋流沉砂池是利用机械力控制水流流态与流速、加速沙粒的沉淀并使有机物随水流带走的沉砂装置，其设计应符合以下规定：

①停留时间不应小于 30 s；

②表面水力负荷宜为 150～200 $m^3/(m^2 \cdot h)$；

③有效水深宜为 1.0～2.0 m，池径和池深比宜为 2.0～2.5。

（2）沉淀池 沉淀池按所在工艺流程中的位置不同，可以分为初沉池和二沉池。初沉池设置在生物处理设施之前，主要去除悬浮固体和部分 BOD_5；二沉池设置在生物处理设施之后,用于去除活性污泥或腐殖污泥。沉淀池按其池内水流方向的不同可以分为平流式沉淀池、辐流式沉淀池和竖流式沉淀池。

畜禽养殖废水,特别是猪场废水处理的沉淀池通常采用竖流式沉淀池。竖流式沉淀池可用圆形或正方形。为了池内水流分布均匀,池径不宜太大,一般采用4~7 m,不大于10 m。沉淀区呈柱形,污泥斗呈截头倒锥体,见图3.3。污水从进水管1进入沉淀池,经反射板3折向上流,清水从池周的锯齿状溢流堰流出,流入流出槽6,而后汇入出水管7。流出槽前设有挡板5,隔除浮渣。靠近池壁的一侧设有排泥管,依靠静水压力的作用将污泥定时排除。竖流式沉淀池中,水流方向与颗粒沉淀方向相反,其截流速度与水流上升速度相等,上升速度等于沉降速度的颗粒会在池内形成一层悬浮层,对上升颗粒起到拦截和过滤的作用。实验研究发现由于沉淀池距底部2~3 m处和污泥斗上方存在两个明显的涡流,可以通过在污泥斗上方增加一个伞形挡板来降低涡流作用,提高沉淀效果(贾胜男 等,2020)。

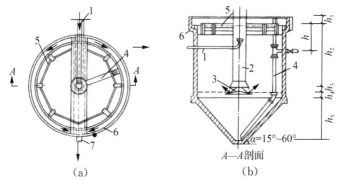

1—进水管;2—中心管;3—反射板;4—排泥管;5—挡板;6—流出槽;7—出水管。

图3.3 圆形竖流式沉淀池平立剖图

竖流式沉淀池应符合以下参数要求:

① 水池直径(或正方形的一边)和有效水深之比不宜大于3;

② 中心管内流速不宜大于0.03 m/s;

③ 中心管下口应设有喇叭口和反射板,板底面距泥面不宜小于0.3 m。

此外,入流速度和密度也会极大地影响沉淀效果,研究显示,在保证出水水质的前提下,沉淀池所能接受的最大入流速度为0.86 m/s(贾胜男 等,2020)。

3.1.3 气浮

气浮法是实现固液分离或液液分离的一种技术。它是通过某种方法在水中产生大量的微气泡,使其与废水中密度接近于水的固体或液体污染物微粒黏附,形成密度小于水的气浮体,在浮力的作用下,上浮至水面形成浮渣,进行固液或液液分离。气浮法可以用于从废水中去除相对密度小于1的悬浮物、油类和脂肪,还可以用于密度大于1的污泥的浓缩。与沉淀法相比,气浮法具有设备占地少、时间短、处理效果好、用药剂量小等优点(魏在山 等,2001),在水处理领域已经得到越来越多的关注。

气浮法中气泡与颗粒的黏附作用可以通过以下四种因素来解释:① 絮粒的网捕、包卷和架桥作用;② 气泡絮粒碰撞黏附;③ 微气泡与微絮粒间的共聚并大;④ 表面活性剂的参与作用。

在水、气、粒三相混合系中,不同介质的相表面上都因受力不均衡而存在界面张力σ。气泡与颗粒一旦接触,由于界面张力会产生表面吸附作用。三相间的吸附界面构成的交界线称为润湿周边,见图3.4。以润湿周边(即相界面交界线)为基准线做水、粒界面张力$\sigma_{1,3}$作用线和水、气界面张力$\sigma_{1,2}$作用线,两作用线的交角为润湿接触角θ。水中具有不同表面性质的颗粒,其润湿接触角大小不同。通常将$\theta>90°$的称为疏水表面,易于为气泡黏附,而$\theta<90°$的称为亲水表面,不易为气泡所黏附。

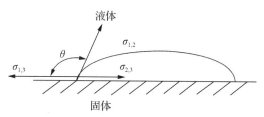

图3.4　三相间的吸附界面

Kitchener 等认为气浮法中粒子的表面电位ξ会极大地影响气泡与其的吸附(Kitchener et al.,1981)。从废水处理角度看,水中细分散杂质的表面电位ξ高是不利的,它不仅促进乳化,而且影响气-粒结合体(气浮体)的形成。为此,水中荷电污染粒子在气浮前最好采取脱稳、破乳措施。有效的方法是投加混凝剂,使水中增加相反电荷胶体,以压缩双电层,降低电位值,使其达到电中和。

粒子的亲水性和泡沫的稳定性都会极大地影响气浮法处理污水的效果。但从宏观角度来说,气浮的处理效果主要与温度、微气泡大小、搅拌强度、气流速率等有关。

1) 温度

温度可以影响系统的物化性质从而影响气浮效果,温度对不同气浮体系的影响也不同。当物理吸附占优势时,由于吸附过程放热,气浮效果随温度的升高而降低;当吸附以化学吸附为主时,气浮的分离效果随温度的升高而升高(吕玉娟 等,2007)。通常气浮以物理吸附为主,因此当温度降低时,气浮效果反而更好。此外,水的黏度随温度的升高而增大,它也会影响气泡在水相中的停留时间和通过两相界面的速度。

2)微气泡大小

微气泡并非越小越好,过小的气泡对去除悬浮物也有不利的影响。当水中的悬浮物一定时,气泡越小,一方面需要供气系统提供的压力越大,能耗自然越大;另一方面,气泡与絮体黏结的难度也有所增加。研究表明,气浮工艺中采用的气泡大小应适当,直径最好可以控制在 4×10^{-5} m(Kiuru,2001)。事实上,气泡直径控制在 $1 \times 10^{-5} \sim 10 \times 10^{-5}$ m 之间即可取得较好的处理效果。

3)搅拌强度

由于气浮不需要过大的絮体颗粒,因此可以适当提高搅拌强度,即提高速度梯度(G)值,来提高处理效果。研究发现,G 值在 $10 \sim 50$ s^{-1} 间时,气浮工艺对絮体的去除效果已经不错,但是为保证更好的气浮处理效果,可以增加能量输入来减少小颗粒的数目。

4)气流速率

气流速率也是影响气浮效果的重要因素之一。在较低的气流速率下,分离效率随速率的增加而增加;但气流速率较高时,分离效率的增加与速率的提高不成比例(吕玉娟 等,2007)。这是因为气泡的直径随气流速率的增加而增加,单位气液接触界面则减小,同时由于大气泡更高的上浮速率使其在废水中的停留时间变短。因此需要在保证气泡尺寸较小的情况下,尽可能提高气流速率。

目前常用的气浮法有加压溶气气浮法和电解气浮法。加压溶气气浮法是将压缩后的空气导入气浮设备,在一定的压力作用下,使空气溶解于水形成溶气水,在气浮设备中,溶气水通过释放器压力的降低得到释放。其基本工艺流程可以分为全溶气流程、部分溶气流程和回流加压溶气流程 3 种。加压溶气气浮法具有以下优点:水中的空气溶解度大,能提供足够的微气泡,可满足不同要求的固液分离,确保去除效果;经减压释放后产生的气泡粒径小(20~100 μm)、粒径均匀、微气泡在气浮池中上升速度很慢、对池的扰动较小,特别适用于絮凝体松散、细小的固体分离;设备流程简单,维护管理方便。电解气浮法是在直流电的作用下,用不溶性阳极和阴极直接电解废水,正负两极产生的氢和氧的微气泡,将废水中呈颗粒状的污染物带至水面以进行固液分离的一种技术。理论上电解法产生的气泡尺寸远小于溶气法,但在实际运行过程中电解法产生的气泡还不能达到预期的效果。电解时间、pH、极间距、电流强度都会影响电解气浮法的处理效果。

刘建生(2019)利用加压溶气气浮机对莆田某畜禽养殖场的养殖废水进行预处理,发现当投加 50×10^{-3} kg/m³的絮凝剂聚合氯化铝,0.5×10^{-3} kg/m³的助凝剂聚丙烯酰胺,在溶气压力为 0.4 Mpa 时,气浮对养殖废水的处理效果最好,可以去除76%的COD、77.4%的氨氮和81.3%的总磷。

3.2 化学处理

3.2.1 混凝

混凝是指水中的胶体粒子以及微小悬浮颗粒聚集的过程。混凝不仅可以去除废水中的微小颗粒,还可以减小水的色度、浊度,去除废水中的重金属和有机物,甚至改善污泥的脱水性能。混凝是畜禽养殖废水处理中广泛采用的方法,设备简单,操作便捷,能耗低,处理效果好,但所需药剂量较大,费用较高。能起凝聚和絮凝作用的药剂统称为混凝剂,常用的混凝剂包括硫酸铝、聚合氯化铝(PAC)、三氯化铁、聚合硫酸铁(PFS)和聚丙烯酰胺(PAM)。

1)混凝机制

混凝是凝聚和絮凝的总称。投加电解质使水中胶体失去稳定性称为凝聚,脱稳胶体之间相互聚集称为絮凝。胶体稳定性是指胶体粒子在水中长期保持分散悬浮状态的特性,可以分为动力学稳定和聚集稳定。动力学稳定系指颗粒布朗运动对抗重力影响的能力,大颗粒悬浮物在重力作用下易沉降,胶体粒子很小,布朗运动剧烈,布朗运动足以对抗重力的影响,因此具有动力学稳定性;聚集稳定性是指胶体粒子之间不能相互聚集的特性,胶体粒子具有布朗运动而自发聚集的倾向,但由于粒子表面同性电荷的斥力作用或水化膜的阻碍使这种自发聚集不能发生。混凝机制随混凝剂种类和投加量、水中胶体粒子性质、含量以及水的 pH 等条件的不同而不同,但主要的混凝作用有4种:压缩双电层、电性中和、吸附架桥和网捕卷扫。

(1)压缩双电层 对于废水中负电荷胶粒而言,投入的简单正电荷电解质可以通过改变胶体粒子表面电势使胶体滑动面上的表面电位降低,减小扩散层厚度,从而满足胶体相互接近时排斥力小于吸引力的要求,胶粒可以快速聚集。

（2）电性中和　在水处理中，压缩双电层作用不能解释胶体脱稳后在混凝剂投量过多时重新稳定的现象（严煦世 等，1999）。向养殖废水中投加高价电解质或过量混凝剂时，胶体粒子表面对异号离子、异号胶粒或高分子带异号电荷的部位有强烈的吸附作用，这种吸附力，不仅仅有静电力，可能还存在范德华力、氢键及共价键等的作用。这种吸附作用中和了胶粒表面的电荷，减小了静电斥力，使胶粒易于与其他颗粒接近并吸附，从而发生凝聚。

（3）吸附架桥　高分子物质无论电性如何都对胶粒具有强烈吸附作用，这种吸附作用与高分子聚合物表面结构和胶体表面的化学性质紧密相关。当高分子链的一端吸附了某一胶粒后，另一端又吸附另一胶粒，形成"胶粒－高分子－胶粒"的絮凝体。高分子起到了胶粒与胶粒之间的桥梁和纽带的作用，故称为吸附架桥作用。若高分子物质为阳离子型聚合电解质，它具有电性中和和吸附架桥双重作用。

（4）网捕卷扫　当采用铝盐或铁盐作为混凝剂，并且其投量很大导致形成大量氢氧化物沉淀时，可以网捕、卷扫水中胶粒以至产生沉淀分离，称卷扫或网捕作用。这种作用，基本上是一种机械作用，所需混凝剂量与原水杂质含量成反比，即原水胶体杂质含量少时，所需混凝剂多，反之亦然。

2）混凝的影响因素

（1）水温　颗粒在水中的絮凝可以分为两种：同向絮凝和异向絮凝。颗粒在水分子热运动的撞击下做布朗运动，由此造成的碰撞聚集称为异向絮凝；由流体运动造成的颗粒碰撞称为同向絮凝。水温对颗粒絮凝有重要的影响。水温高时混凝效果较好，水温过低对混凝有明显的不利影响，此时即使增加混凝剂投量也很难取得预期的效果。不仅絮凝体形成缓慢，而且形成的絮凝颗粒细小、松散。主要原因有：无机盐混凝剂水解吸热，水温低时混凝剂水解困难，水温在 5 ℃时，混凝剂如硫酸铝的水解速度就已经极其缓慢；水温低时，水的黏度增大，水流的剪切力也增大，影响絮体的成长；水温低时，胶体颗粒水化作用增强，妨碍胶体凝聚。

（2）pH　pH 对不同混凝剂的混凝效果影响不同。铝盐和铁盐混凝剂的水解产物直接受废水 pH 影响，可以接受的废水 pH 范围也不同。高分子混凝剂的混凝效果受水的 pH 影响较小。对硫酸铝而言，用以去除浊度时，最佳 pH 在 6.5～7.5 之间，絮凝作用主要是氢氧化铝聚合物的吸附架桥和羟基配合物的电性中和作用；用以去除水的色度时，pH 宜在 4.5～5.5 之间。三价铁盐混凝剂适用范围较广，用以去除水的浊度时，pH 宜在 6.0～8.4 之间；用以去除水的色度时，pH 宜在 3.5～5.0 之间。

（3）废水特性　水中悬浮物浓度很低时，颗粒碰撞速率大大减小，混凝效果较差。但是悬浮物浓度低时，可以投加高分子助凝剂或矿物颗粒来增加混凝效果。如果原水悬浮物含量过高，为使悬浮物达到吸附电中和脱稳作用，所需铝盐或铁盐混凝剂量将相应地大大增加。为减小混凝剂的用量也可以采用助凝剂。

3）混凝对养殖废水的处理效果

研究表明（祁福利，2015），采用混凝的方法处理养殖废水能有效降低废水中的有机物和悬浮物浓度。聚合氯化铝作混凝剂与硫酸亚铁和三氯化铁相比，具有更好的混凝效果，如果采用 PAM 作助凝剂，可以去除胶体、悬浮物中所含的 COD。

混凝一般会作为处理的最后阶段，等废水经过厌氧-好氧或自然处理后，在其基础上处理水中一些难以生化降解的污染物，以达到更严格的污水排放标准。但实际上，混凝也可以作为预处理的方法，与预氧化等处理方法相结合。投加适量 PAC 作为混凝剂后，投加 PAM 作为助凝剂，静置沉淀后过滤取样，可以发现去除了 70% 以上的 COD 和 90% 以上的 SS（邱敬贤 等，2020）。

3.2.2　电化学法

电化学技术在物理化学上作为新兴的一个分支在许多重大研究中扮演了重要的角色，并在过去几十年中取得了许多重要成果。电化学是一种依据电子传递的技术，它利用阳极的高电位及催化活性原位产生强氧化剂（如羟基自由基和游离氯等）去除水体中的有害污染物（郭迪，2016）。电化学技术可以去除畜禽养殖废水中最难解决的氨氮。电化学技术通过在阳极发生直接或间接氧化反应，可以把氨氮转化为氮气，将亚硝酸盐转化为硝酸盐，同时通过阴极还原，将亚硝酸盐转化为氮气（殷小亚 等，2020）。

电化学直接氧化法是利用阳极的高电势氧化降解废水中的有机或无机污染物，被氧化物质和电极基体直接进行电子传递的氧化方法。有研究（Chiang et al.，1995）认为在阳极直接氧化过程中，污染物首先被吸附在阳极表面上，然后通过阳极电子转移反应被破坏，从而得以去除。电化学间接氧化法是利用电化学产生的具有强氧化作用的中间产物如次氯酸盐、芬顿试剂或氧化金属离子作为氧化剂或还原剂，使污染物转化为无害物质，这种中间产物是污染物与电极交换电子的中间体，可以是催化剂，也可以是电化学产生的短寿命的中间物。它们在水中易于扩散，易于与水中的污染物发生氧化反应。由于活性氯具有很高的氧化电位，氯化物的阳极氧化很容易发生，在含氯化物废水的电化学氧化处理过程中可能发生间接氧化作用。发生的化学方程式如下：

阳极反应：

$$2Cl^- \longrightarrow Cl_2 + 2e^- \tag{3.3}$$

溶液中的反应：

$$Cl_2 + H_2O \longrightarrow HOCl + H^+ + Cl^- \tag{3.4}$$

$$HOCl + (2/3)NH_4^+ \longrightarrow (1/3)N_2 + H_2O + (5/3)H^+ + Cl^- \tag{3.5}$$

$$HOCl + (1/4)NH_4^+ \longrightarrow (1/4)NO_3^- + (1/4)H_2O + (3/2)H^+ + Cl^- \tag{3.6}$$

$$HOCl + (1/2)OCl^- \longrightarrow (1/2)ClO_3^- + H^+ + Cl^- \tag{3.7}$$

电化学技术的主要优点有：最小程度地产生二次污染物；用途广，不仅可以用于对污染物进行有效的降解和去除，还可以通过电极表面的氧化还原反应去除废水中的一些重金属离子，回收一些有价值的金属；设备简单，易于实现自动控制；反应成本低，易于与其他反应相结合。

应用于实际畜禽养殖废水处理时，电化学法对氨氮的去除率都很高。当选用 $RuO_2 - IrO_2 - TiO_2/Ti$ 电极作阳极，pH 控制在 6～9 时，在 3 h 内，氨氮的去除率可以高达 98%（欧阳超 等，2010）。研究对养殖废水脱氮除磷的影响时，有机物的降解主要发生在脱氮阶段，$NH_3 - N$、磷和有机物的去除效果分别达到 42.4%、98% 和 83.7%（尚晓，2009）。

3.3 本章小结

养殖废水进入厌氧、好氧生物处理单元前一般需要经过以物理处理为代表的预处理，通过格栅、沉淀等方式去除废水中的固态污染物，包括 COD、总氮、总磷等，以降低后续处理单元的进水浓度和负荷，避免影响后续处理设施的正常运行。由于猪场清粪方式不同，废水的理化性质差异较大，不同生化处理单元对废水的预处理也有不同的要求，同时废水的预处理涉及环节众多，技术复杂，因此需要不断总结工程经验，根据废水特性，有针对性地选择相应的技术和设备。

养殖废水经过厌氧-好氧或自然处理等二级生化处理后，主要污染物浓度基本可以达到《畜禽养殖业污染物排放标准》（GB 18596—2001）的要求，但是一些对排放水要求较高的地区，还需要进行深度处理，主要运用化学处理方法，如混凝、电化学法等。如果依然无法满足要求，就可以进行超滤＋反渗透膜分离以减少杂质。

4 畜禽养殖业废水的生物处理

废水的生物处理法,也称为生物化学处理法,简称生化法,是利用自然环境中微生物的生物化学作用,将养殖废水中的固态污染物,包括 COD、总氮、总磷等和某些无机毒物(如氰化物、硫化物),分解转化为稳定、无害物质的一种水处理方法。按微生物的代谢形式,生化法可分为好氧法和厌氧法两大类;按微生物的生长方式可分为悬浮生物法和生物膜法。废水生物处理是 19 世纪末出现的废水处理技术,发展至今已成为世界各国处理城市生活污水、工业废水以及畜禽养殖废水的主要手段。

4.1 厌氧处理

厌氧处理又称为厌氧消化或沼气发酵,是在无氧、无硝酸盐存在的条件下,由多种微生物共同作用,将有机物分解并生成沼气(CH_4 和 CO_2)的过程。厌氧消化是一种低成本的废水处理技术,能在处理废水过程中回收能源。厌氧消化技术不仅用于污泥消化和高浓度有机废水处理,还用于中、低浓度有机废水的处理。厌氧消化过程广泛存在于自然界,人类开始利用厌氧消化处理,至今已有 100 多年的历史。

与好氧处理相比,厌氧处理具有以下优点:

(1) 应用范围广　好氧处理因供氧限制,一般只适用于中、低浓度有机废水的处理,而厌氧处理既适用于高浓度有机废水,又适用于中、低浓度有机废水的处理。一些有机物在好氧处理过程难以降解,但在厌氧处理过程可以降解,如固体有机物、着色剂蒽醌和某些偶氮染料等。

(2) 能耗低　好氧处理需要消耗大量能量供氧,去除 1 kg COD 需要耗电 $0.5 \sim 1.0$ kW·h,曝气供氧的电费随着废水中有机物浓度的增加而增加。而厌氧处理不需要供氧,能量需求大大降低,而且产生的沼气可作为能源,去除 1 kg COD

可产生 2.5～3.5 kW·h 的能量。

（3）负荷高　通常好氧处理的有机容积负荷为 0.1～2 kg BOD/(m³·d)，而厌氧处理为 2～10 kg COD/(m³·d)，高效厌氧处理工艺可达 50 kg COD/(m³·d)。

（4）剩余污泥量少　好氧处理每去除 1 kg COD 会产生 0.4～0.6 kg 生物量（好氧剩余污泥），而厌氧处理去除 1 kg COD 只产生 0.02～0.15 kg 生物量（厌氧污泥，或称沼渣），其污泥量只有好氧处理的 5%～25%。同时，厌氧消化污泥在卫生学上和化学上都相对稳定。因此，剩余污泥处理和处置简单，造价及运行费用低。

（5）N、P 营养需要量较少　好氧处理一般要求 BOD：N：P 的比为 100：5：1，而厌氧处理要求的 BOD：N：P 比为 200：5：1，对 N、P 缺乏的废水所需投加营养盐量较少。

（6）厌氧处理过程有一定的杀菌作用，特别是中高温厌氧消化，可以杀灭废水、粪便和污泥中的病原微生物和寄生虫卵等。

但是厌氧处理也存在启动时间长、处理后出水不能达标等缺点。实际应用处理畜禽养殖废水时，需要因地制宜，综合考虑投资和预期效果等因素来选择厌氧处理或者好氧处理。

4.1.1　厌氧消化机制

1979 年布赖恩特(Bryant)等人根据微生物的生理种群，提出厌氧消化三阶段理论：水解发酵阶段、产酸脱氢阶段和产甲烷阶段（图 4.1）。

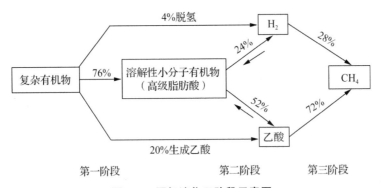

图 4.1　厌氧消化三阶段示意图

第一阶段：水解发酵阶段，又称为液化阶段。水解发酵阶段是将大分子不溶性复杂有机物在细胞外酶的作用下，水解成小分子溶解性脂肪酸、葡萄糖、氨基酸、

PO_4^{3-} 等,然后渗入细胞内,再经过醇解进一步发酵生成乙醇和脂肪酸。参与这个阶段的微生物主要是兼性细菌与专性厌氧细菌,兼性细菌的附带作用是消耗掉废水带来的溶解氧,为专性厌氧细菌的生长创造有利条件。这一过程通常较为缓慢,是高分子有机物或固态悬浮物厌氧降解的限速步骤。第二阶段:产酸脱氢阶段是将第一阶段的产物降解为简单脂肪酸(乙酸、丙酸、丁酸等)、H_2 和 CO_2。参与作用的微生物是兼性及专性厌氧菌,此阶段速率较快。第三阶段:产甲烷阶段。产甲烷阶段是将第二阶段的产物还原成 CH_4,参与作用的微生物为绝对厌氧菌(甲烷菌),乙酸、H_2、CO_2 和甲酸、甲醇被转化为 CH_4、CO_2。此阶段的反应速率缓慢,是厌氧消化的控制阶段。

上述三个阶段的反应速度因废水性质而异,在以纤维素、半纤维素、果胶和脂类等污染物为主的废水中,液化易成为限速步骤。简单的糖类、淀粉、氨基酸和一般的蛋白质均能被微生物迅速分解,以这类有机物为主的废水,产甲烷阶段易成为限速步骤。虽然厌氧消化过程可分为以上三个阶段,但是在厌氧反应器中,以上几个阶段不是截然分开的,没有明显的界线,也不是孤立进行的,而是密切联系在一起互相交叉进行的,并保持某种程度的动态平衡。这种动态平衡一旦被 pH、温度、有机负荷等外加因素所破坏,产甲烷阶段就会受到抑制,其结果会导致低级脂肪酸的积存和厌氧进程的异常变化,甚至会导致整个厌氧消化过程停滞。例如,如果废水中易降解有机物浓度过高,产酸菌会大量繁殖,快速产酸,而产甲烷菌繁殖缓慢,来不及消耗产生的酸,结果造成有机酸的积累,使发酵液酸化,pH 下降,打破了产酸与产甲烷的速度平衡;低 pH 进而抑制产甲烷菌活性,分解酸的速度进一步降低,有机酸进一步积累,结果反馈抑制产酸过程,最终导致整个厌氧消化过程运行失败。

4.1.2 影响厌氧处理的因素

1) 温度

温度是影响微生物生命活动最重要的因素之一,其对厌氧微生物及厌氧消化的影响尤为显著。厌氧处理所涉及的各种微生物都在一定温度范围生长,根据微生物生长的温度范围,习惯上将微生物分为三类:嗜冷微生物,生长适宜温度范围为 5~20 ℃;嗜温微生物,温度范围为 20~42 ℃;嗜热微生物,温度范围为 42~75 ℃。相应的,废水厌氧消化也分为低温、中温和高温三类。这三类微生物在相应的适应温度区间还存在最佳温度范围,当温度高于或低于最佳温度范围时,其厌氧消化速率将明显降低。在工程运用中,中温消化工艺中以 30～40 ℃最为常见,其最佳处理温度范围为 35～40 ℃;高温消化工艺以 50～60 ℃最为常见,最佳温度为 55 ℃。在上述最适温度范围内,温度的微小波动(例如 1～3 ℃)对厌氧消化过程不会有明显影响,如果温度下降幅度过大,污泥的活性显著降低,相应的,反应器的负荷也应当降低,以防止由于负荷过高引起反应器酸积累等问题。

高温消化的反应速率约为中温消化的 1.5～1.9 倍,沼气产率也高,但沼气中甲烷所占百分比却较中温低,并且易受操作条件和环境变化的影响,容易引起挥发酸积累。当处理含病原菌和寄生虫卵的料液时,采用高温消化可取得理想的卫生效果,消化后污泥的脱水性能也较好。但是,采用高温消化需要消耗较多的能量,当处理水量大,有机物浓度不是很高时,往往不宜采用。常温消化工艺由于污泥活性明显低于中温和高温消化,其反应器负荷也相应较低。具体采用什么消化温度,需要根据原料浓度、当地气温、加热热源、净能产出等因素综合比较确定。

2) pH

pH 是厌氧消化重要影响因素之一。微生物对 pH 的波动十分敏感,即使在其适宜生长 pH 范围内,pH 的突然改变也会引起微生物活性的明显下降,微生物对 pH 改变的适应比对温度改变的适应过程要慢得多。超过 pH 范围,会引起更严重的后果,低于 pH 下限并持续过久时,会导致产甲烷菌活力丧失殆尽而产乙酸细菌大量繁殖,引起反应器系统的"酸化"。水解细菌与产酸细菌对 pH 有较大范围的适应性,大多数可以在 pH 为 5.0～8.5 生长良好,一些产酸细菌在 pH 小于 5.0 时仍可生长。产甲烷菌对 pH 变化适应性很差,其适宜范围为 6.8～7.2,在 6.5 以下或 8.2 以上的环境中,厌氧消化会受到严重的抑制。

pH 对产甲烷菌的影响与挥发性脂肪酸(VFA)的浓度有关,这是因为乙酸以及其他挥发性脂肪酸在非离解状态下具有毒性。pH 越低,游离酸所占比重越大,因而在同一种 VFA 浓度下,它们的毒性越大。pH 的波动对厌氧污泥的产甲烷活性也会产生影响。

3) 氧化还原电位

绝对的厌氧环境是产甲烷菌进行正常活动的基本条件,产甲烷菌的最适氧化还原电位为 $-400～-150$ mV,培养产甲烷菌的初期,氧化还原电位不能高于 -330 mV。非产甲烷菌可以在氧化还原电位 $-100～+100$ mV 的环境下进行生长代谢。氧化还原电位还受到 pH 的影响,pH 低,氧化还原电位高;pH 高,氧化还原电位低。因此,在富集产甲烷菌的初始阶段,应尽可能保持介质 pH 接近中性,以及反应装置的密封性。

4）营养

厌氧微生物对 C、N、P 等营养物质的要求略低于好氧微生物,营养比为 COD：N：P＝（200～350）：5：1,这里的 COD 指易降解有机物。一般而言,含氮量过低,合成菌体所需的氮量就不足,微生物生长代谢会受到抑制,同时因为铵态氮是消化液中重要的缓冲成分,消化液缓冲能力的降低容易使 pH 下降。反之,含氮量过高,容易引起铵态氮过高,抑制产甲烷菌的活性,也有可能使 pH 过度升高（8 以上）,降低消化液中 COD 的浓度,不利于产甲烷菌的生长及甲烷的合成。

大多数厌氧菌不具有合成某些必要维生素或氨基酸的功能,为了保证微生物的增殖和活动,需要补充某些专门的营养物质,如 K、Na、Ca 等金属盐类,它们是形成细胞或非细胞金属络合物所需的物质。

5）有机负荷

在厌氧处理中,有机负荷通常指容积有机负荷,简称容积负荷,也可用污泥负荷表达。有机负荷是影响厌氧消化效率的一个重要因素,直接影响产气量和处理效率。在一定范围内,随着有机负荷的提高,原料产气率(沼气产率)即单位重量物料的产气量趋向下降,而厌氧消化器的容积产气率则增多,反之亦然。对于具体应用场合,进料的有机物浓度是一定的,有机负荷的提高意味着停留时间缩短,则有机物分解率将下降,势必使单位重量物料的产气量减少。但因反应器相对的处理量增多,单位容积的产气量将提高。

由于厌氧消化过程中产酸阶段的反应速率远高于产甲烷阶段,选择有机负荷时必须十分谨慎,使挥发酸的产生和消耗处于平衡,不至造成挥发酸的积累。

6）重金属等有毒物质

重金属等有毒物质会对厌氧微生物产生不同程度的抑制,影响厌氧消化过程甚至破坏这一过程。同样会产生抑制作用的物质还有氨氮、硫化物及某些人工合成的有机物。

王红艳等(2020)发现氨氮浓度为 3 000 mg/L[总氨氮(TAN)≈3 659 kg/m³] 时,累积产甲烷量降低至 276.1 mg/L 且出现产甲烷迟滞期,高浓度氨氮抑制造成了以丙酸为主的 VFA 积累和有机物(蛋白质等)降解不完全,COD 去除率显著下降。但如果采用一个较长的驯化时间,微生物可以对高浓度氮产生适应性。高温发酵比中温发酵对高氨氮更敏感,因此,含氮高的原料,如鸡粪,不宜采用高温发酵。

硫是组成细菌细胞的一种常量元素,在细胞合成中必不可少。如原料中含有适量的硫,可以促进微生物的生长,但是过量的硫会对厌氧消化产生抑制作用。浓度为 80 mg/L 以上的硫化物会对产甲烷阶段产生抑制作用,0.15~0.2 mg/L 的硫则会产生强烈的抑制作用。投加某些金属如铁去除 S^{2-} 离子,可以缓解硫化物的抑制作用。

过量的重金属会导致厌氧消化过程产气量下降和挥发酸积累,主要原因在于重金属离子可与菌体细胞结合,引起细胞蛋白质变性并产生沉淀。有研究认为,在 pH 为 8 的条件下,引起 20% 抑制的重金属浓度如下:Cu 为 113 mg/L,Cd 为 157 mg/L,Zn 为 116 mg/L(Wellinger et al.,2013)。还有研究认为产生不利影响的最低浓度,Cu 为 40 mg/L,Cd 为 20 mg/L,Zn 为 150 mg/L。

4.1.3 厌氧处理工艺

1) 水压式沼气池

水压式沼气池是我国推广最早、数量最多的沼气池,属于传统厌氧消化工艺。传统厌氧消化工艺又称低速消化池,消化池内不设加热和搅拌装置。因不加搅拌,池内污泥产生分层现象。只有部分容积起到分解有机物的作用,液面形成浮渣层、池底容积主要用于熟污泥的贮存和浓缩。这种消化池中微生物与有机物不能充分接触。传统消化池一般没有人工加热设施,温度随环境温度变化而变化,所以消化速率很低,消化时间长,根据温度不同,废水在池内停留时间需要 60~100 d。

水压式沼气池由发酵间、贮气间、进料口、水压间、出料口、导气管等组成(图 4.2)。发酵间为圆柱形、池底为平底,也有池底向中心或出料口倾斜。未产气或发酵间与大气相通时,进料管、发酵间、水压间的料液处在同一水平面上。发酵间上部贮气间完全封闭后,微生物发酵废水、粪渣产生的沼气上升到贮气间,随着沼气的积聚,沼气压力不断增加,当贮气间沼气压力超过大气压力时,便将发酵间内料液压往进料管和水压间,发酵间液位下降,进料管和水压间液位上升,产生了液位差,由于液位差而使贮气间内的沼气保持一定的压力。用气时,沼气从导气管排出,进料管和水压间的料液流回发酵间,这时,进料管和水压间液位下降,发酵间液位上升,液位差减少,相应的沼气压力变小。产气太少时,如果发酵间产生的沼气小于用气需要,那么发酵间液位将逐渐与进料管和水压间液位持平,最后压差消失,沼气停止输出。水压式沼气池产生的沼气,其压力随着进料管和水压间与发酵间液位差的变化而变化,因此,用气时压力不稳定。

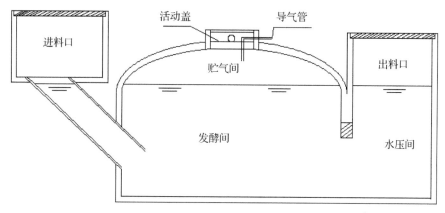

图 4.2 水压式沼气池示意图

水压式沼气池省工省料,建造成本比较低,管理简单,操作方便。但是由于没有搅拌装置,容易产生分层,液面上形成很厚的浮渣层,进一步板结成壳,妨碍气体顺利逸出。而且微生物与料液中的有机物接触不充分,中间部分的清夜不能与底层的活性污泥接触,因此处理效果较差。

2) 完全混合式厌氧反应器

完全混合式厌氧反应器(CSTR)是在传统消化池内采用搅拌技术,加强微生物与底物的传质效果,以提高污水处理厂的处理效率。这一措施以及随后出现的加热措施使消化池内生化反应速率大大提高。CSTR 最初用于污泥消化,其后发展到处理畜禽粪便、餐厨垃圾、能源植物以及工业废水等,适合处理 TS 为 2%～12% 的废水(液)。在完全混合式厌氧反应器系统中,原料连续或间歇进入消化池,与消化池内污泥混合,有机物在厌氧微生物作用下降解并产生沼气,经过消化后的发酵残余物和沉渣分别由上部和底部排出,所产的沼气则从顶部排出。为了使细菌和原料均匀接触,并使产生的沼气气泡及时逸出,需要设搅拌装置,定期搅拌池内的消化液,一般情况下,每隔 2～4 h 搅拌一次。在出料时,通常停止搅拌,排出上清液时尽量少带走污泥。如果进行中温和高温消化时,需要对料液进行加热。一般在池内设置换热盘管进行加热。完全混合式厌氧反应器适合处理没有经过固液分离的、高悬浮物、高有机物浓度的猪场废水。

搅拌混合是完全混合式厌氧反应器的关键,针对不同的原料和进料浓度,有不同的搅拌方式。

①水力搅拌:通过设在反应器外的水泵将料液从反应器中部抽出,再从底部或上部泵入消化池,有些消化池内设有导流筒或射流器,由水泵压送的混合物经射流

器喷射或从导流筒流出,在喉管处或导流筒内造成真空,吸进一部分池中的消化液,形成较为强烈的搅拌。这种搅拌方法使用的设备简单、维修方便。但容易引起短流,搅拌效果较差,一般用于消化低固体原料的厌氧反应器。为了使消化液完全混合,需要较大的流量。

②沼气搅拌:沼气搅拌是将沼气从反应器内或贮气柜内抽出,通过鼓风机将沼气再压回反应器内,当沼气在反应器料液中释放时,由其升腾造成的抽吸卷带作用带动反应器内料液循环流动。沼气搅拌的主要优点是反应器内液位变化对搅拌功能的影响很小,反应器内无活动的设备零件,故障少,搅拌力大,作用范围广。由于以上优点,国外一些大型污水处理厂污泥消化广泛采用这种搅拌方式。但是,在进料浓度较高的条件下,气体搅拌难以达到良好的混合效果,在高固体物料厌氧消化中难以采用。由于需要防爆风机以及阻火器、过滤器、安全阀等复杂的安全设施,沼气搅拌在猪场废水厌氧处理工程中几乎没有采用。

③机械搅拌:通过反应器内设置带桨叶的搅拌器进行搅拌,当电机带动桨叶旋转时,推动导流筒内料液垂直移动,并带动反应器内料液循环流动。机械搅拌有垂直桨式搅拌器、倾斜轴桨式搅拌器和潜水搅拌器。机械搅拌的优点是低速运行、作用半径大,搅拌效果好。缺点是搅拌轴设置在罐顶或侧壁时要有气密性设施、需要防止长纤维杂物缠绕桨叶。

④复合搅拌:复合搅拌是气体搅拌、机械搅拌和水力搅拌的组合,在搅拌混合高浓度固形物料液的基础上,还增加了去除浮渣的功能。猪场废水处理工程中有采用机械搅拌和水力搅拌组合的复合搅拌,以增加破除浮渣和沉渣的能力。

完全混合式厌氧反应器处理养殖废水小试进料 TS 浓度一般在 6% 左右,生产性应用 VSS 只有 1.5%～2.38%。VSS 去除率 22.4%～66.0%,COD 去除率 35.7%～73.0%。尽管小试的容积产气率可到 2.69 $m^3/(m^3 \cdot d)$(35 ℃),3.12 $m^3/(m^3 \cdot d)$(55 ℃),但报道的生产性应用只有 0.57～0.79 $m^3/(m^3 \cdot d)$(35 ℃)。

完全混合式厌氧反应器设有搅拌系统,可使料液和厌氧微生物充分混合,提高生化反应速率。同时,搅拌也避免了进料未经发酵产气就排出池外。一些完全混合式厌氧反应器设有加热保温装置,通过加热和保温的协同作用提升消化温度,可以改进消化率。因为完全混合式厌氧反应器具有完全混合的流态,反应器内繁殖起来的微生物会随出料溢流而排出,不能滞留微生物,所以,反应器中的污泥浓度低,只有 5 g MLSS/L 左右。特别是在短水力停留时间和低浓度投料的情况下,会出现严重的污泥流失问题,所以完全混合式厌氧反应器要求较长水力停留时间

（HRT）来维持反应器的稳定运行，一般 HRT 为 15～30 d，结果反应器体积大，负荷较低，有机负荷一般为 1～4 kg VSS/(m³·d)。

3）厌氧生物滤池

厌氧滤池是一种内部填充微生物载体（填料）的厌氧生物反应器，用碎石、卵石作填料，处理 COD 8 800 mg/L 的淀粉面筋加工废水。厌氧微生物部分附着生长在填料上，形成厌氧生物膜；部分微生物在填料空隙呈悬浮状态。厌氧滤池底部设置布水装置，废水从底部通过布水装置进入装有填料的反应器，在填料表面附着的与填料截留的大量微生物作用下，将废水中有机物降解转化成沼气（CH_4 与 CO_2），沼气从反应器顶部排出，被收集利用，净化后的出水通过排水设备排至池外（图4.3）。反应器中的生物膜也不断新陈代谢，脱落的生物膜随出水带出，因此厌氧滤池后需设置沉淀分离装置。厌氧滤池适合处理经过固液分离后的中低浓度畜禽养殖废水。

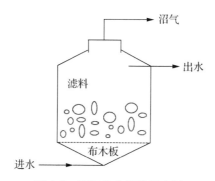

图 4.3　厌氧生物滤池示意图

根据不同的进水方式，厌氧滤池可分为上流式和下流式。

在上流式厌氧生物滤池中，废水从底部进入，向上流动通过填料层，处理后出水从滤池顶部的旁侧流出。微生物大部分以生物膜的形式附着在填料表面，少部分以厌氧活性污泥的形式存在于填料的间隙中，它的生物总量比下流式厌氧生物滤池高，因此效率也更高。通常上流式生物滤池底部易于堵塞，污泥沿深度分布不均匀。通过出水回流的方法可降低进水浓度，提高水流上升速度。

下流式厌氧滤池中，布水系统设于池顶，废水从顶部均匀向下直流到底部，产生的沼气向上流动可起一定的搅拌作用，下流式厌氧滤池不需要复杂的配水系统，反应器不易堵塞，但固体沉积在滤池底部会给操作带来一定的困难。传统的厌氧生物滤池进水通常采用上流方式。

4)升流式厌氧污泥床

升流式厌氧污泥床(UASB)利用厌氧微生物自絮凝和颗粒化的性质,在反应器中形成可保持良好沉降性能的颗粒污泥,由进水配水系统、反应区、三相分离器、出水系统、污泥排出系统等组成,见图4.4。

(1)进水配水系统 UASB进料通常采取两项措施达到均匀布水,一是通过配水设备;二是采用脉冲进水,加大瞬时流量,使各孔眼的过水量较为均匀。进水配水系统位于反应器底部,有树枝管、穿孔管以及多点多管三种形式,其功能是保证配水均匀,防止出现短流和死水区,同时对搅拌混合和颗粒污泥形成具有促进作用。

(2)反应区 包括颗粒污泥区(污泥床区)和悬浮污泥区,是UASB的主要部位,有机物分解、沼气生成以及微生物增殖都在该区进行。

(3)三相分离器 由沉淀区、集气室、回流缝和气体水封组成,其功能是将气体(沼气)、固体(污泥)和液体(废水)三相分离,分离效果将直接影响反应器的处理效果。

(4)出水系统 由溢流堰和集水渠组成,功能是将沉淀的上清液均匀收集,排出反应器。

(5)污泥排出系统 由排泥管或排泥泵组成,功能是排出剩余污泥。

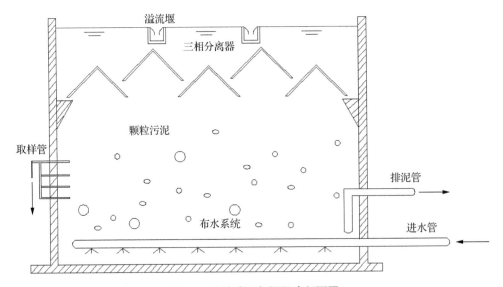

图4.4 升流式厌氧污泥床剖面图

升流式厌氧污泥床反应器内污泥浓度高,有机负荷高,水力停留时间短;反应器依靠进料和沼气的上升达到混合搅拌的目的,无须搅拌设备;对水质水量负荷变化比较敏感,抗冲击能力差。由于悬浮固体不利于颗粒污泥的形成,升流式厌氧污泥床只适用于固液分离后的养殖废水处理,此外,高氨氮不利于颗粒污泥的形成,因此升流式厌氧污泥床反应器很难达到很高的处理负荷。

4.2 好氧生物处理

好氧处理是畜禽养殖废水生物处理法的一种。在废水中有游离氧(分子氧)存在的条件下,好氧微生物降解有机污染物,使其稳定、无害的处理方法,在工程上称为废水好氧生物处理,简称好氧处理。

微生物对有机污染物进行好氧分解的过程如下:溶解态的有机物可以直接透过微生物的细胞壁进入细胞内。固体或胶体的有机物先被微生物吸附,靠微生物所分泌的胞外酶作用,分解成溶解性的物质,然后,再渗入微生物细胞内,通过微生物自身的生命活动,在内酶的作用下,进行氧化、还原和合成过程。一部分被吸收的有机物氧化分解成简单的无机物,如有机物中的碳被氧化成 CO_2,H 与 O 化合生成 H_2O,N 被氧化成 NH_3、亚硝酸盐和硝酸盐,P 被氧化成磷酸盐,S 被氧化成硫酸盐等。与此同时释放出能量,作为微生物自身生命活动的能源,并将另一部分有机物作为其生长繁殖所需要的构造物质,合成新的原生质。好氧生物处理时,有机物的转化过程见图 4.5。废水中的有机物被微生物摄取后,通过代谢活动,约有 1/3 被分解、稳定,并提供其生理活动所需的能量;约有 2/3 被转化,合成新原生质(细胞质),即进行微生物自身生长繁殖。在外界营养缺乏时,微生物通过内源呼吸氧化自身的细胞物质而获得微生物生命活动所需的能量。

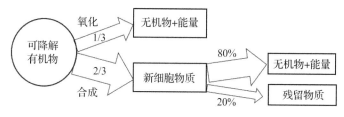

图 4.5 有机物好氧分解示意图

好氧生物处理的主要影响因素有:

(1) 溶解氧(DO) 供氧多少一般用混合液溶解氧的浓度控制。供氧不足,好氧微生物由于得不到足够的氧,其活性受到影响,新陈代谢能力降低,同时对溶解氧要求低的微生物如丝状细菌将应运而生,甚至呈现厌氧状态。为了使污泥沉淀分离性能良好,培养较大的活性污泥絮凝体,一般来说,溶解氧浓度以 $2\sim4$ mg/L 为宜。

(2)营养物质 微生物细胞组成中,C、H、O、N 占 $90\%\sim97\%$,其余 $3\%\sim10\%$ 为无机元素,主要的是 P。因此,微生物的生长代谢除了需要碳(以 BOD_5 表示)营养外,还需要 N、P 和其他微量元素,它们之间的比例一般为 $BOD_5:N:P=100:5:1$。畜禽养殖废水的 N、P 及微量元素含量较高,好氧处理时,一般不需再投加营养物质。

(3)水温 是影响微生物活性的重要因素之一,在适宜温度范围内,随着温度的升高,微生物生化反应的速率与增殖速率均加快。细胞的组成物质如蛋白质、核酸等对温度很敏感,温度突然升高或降低并超过一定限度时,会产生不可逆的破坏。对于好氧生物处理,一般认为水温在 $20\sim30$ ℃时净化效果最好,35 ℃以上和 10 ℃以下净化效果即降低。如果水温能维持在 $6\sim7$ ℃,并采取提高污泥浓度和降低污泥负荷等措施,活性污泥仍能有效地发挥其净化功能。对寒冷地区的废水好氧处理,则需采取必要的保温措施。

(4)pH 对于好氧生物处理,pH 一般以 $6.5\sim9.0$ 为宜。pH 低于 6.5,真菌即开始与细菌竞争;pH 低至 4.5 时,真菌将完全占据优势,活性污泥结构也会遭到破坏,严重影响处理效果;pH 超过 9.0 时,原生动物将由活跃转为呆滞,菌胶团黏性物质解体,活性污泥结构遭受破坏,处理效果显著下降。

(5)有毒物质(抑制物质) 对微生物具有抑制和杀灭作用的化学物质,包括重金属、氰、硫化氢等无机物质以及酚、甲醛等有机物质,称为有毒物质,其毒害作用表现为细胞的正常结构遭到破坏导致菌体内的酶变质,并失去活性。毒害作用与 pH、水温、溶解氧、有无其他有毒物质及微生物的数量和是否驯化等因素有很大关系。

畜禽养殖废水处理过程中,好氧生物处理法可以分为活性污泥法和生物膜法两大类。活性污泥法是在反应器内采用活性污泥絮凝体与废水充分接触,从而达到净化废水的目的。生物膜法是指将微生物固定在其他物体表面上呈膜状,使废水流经膜状微生物,通过接触达到净化目的的方法。

4.2.1 活性污泥法

活性污泥法是基于水体自净原理的方法,反应器内的微生物絮凝体与废水充分接触,将废水中的污染物吸附在其表面,通过微生物自身反应来降解有机污染物,使废水达到净化的效果。活性污泥法是目前应用最为广泛的方法。1912 年英国的 Clark 和 Gage 发现对污水长时间曝气会产生污泥,同时水质可以得到明显的改善。随后科学家们对这个现象展开研究。自 1916 年英国以活性污泥法建厂以来,已有 100 多年的历史。近半个世纪以来,人们对活性污泥法的生化反应和作用机制进行了广泛深入的研究,出现了多种改进的工艺。

活性污泥法中发挥作用的主体是活性污泥。将经过沉淀处理后的生活污水注入适宜的器皿中,然后注入空气对污水加以曝气,并使生活污水保持水温在 20 ℃左右、水中溶解氧值介于 2～4 mg/L,pH 在 6～8 之间,每日保留沉淀物,更换部分污水,注入经过沉淀处理后的新鲜生活污水,这样的操作持续一段时间后,在污水中即将形成一种呈黄褐色絮凝状体,这种絮凝体易于沉降与水分离,分离后的污水已得到净化处理,水质澄清,这种絮凝体主要是由大量繁殖的以细菌为主体的微生物所构成,是一种生物性污泥,它就是"活性污泥"。这些微生物以污水中的有机物为食,进行代谢繁殖,使废水中的有机污染物转变为无毒、无害且稳定的无机物质。活性污泥含水量一般在 98%～99%,其颜色一般与所处理的污水有关,一般为黄色或褐色,当活性污泥的颜色改变时,很有可能是微生物状态发生改变。污泥中的微生物是一个混合群体,常以菌胶团的形式存在。菌胶团是由微生物分泌的胶质状胞外多聚物(Extracellular Polymeric Substances,EPS)(主要是多糖)将微生物、有机物、无机物黏附在一起的团块,是活性污泥絮凝体的主要组成部分,具有很强的吸附和氧化分解有机物的能力,且易于沉淀。

活性污泥是由下列 4 部分物质所组成:①具有代谢功能活性的微生物群体;②微生物内源代谢、自身氧化的菌体残留物;③由原废水挟入夹杂于活性污泥上的难为微生物降解的惰性有机物质;④由原污水挟入夹杂于活性污泥上的无机物质。

活性污泥净化废水的反应过程是比较复杂的,它是由物理、化学、物理化学以及生物化学等反应的综合过程所组成。它主要可分为吸附和代谢分解两个过程。在初期吸附阶段,活性污泥系统可以在 30 min 内去除 70%以上的 BOD_5。发生这一现象的原因是活性污泥具有很大的表面积(介于 2 000～10 000 m^2/m^3 混合液),遍布表面的细菌外包裹了多糖类黏性物质,与污水相接触时立即吸附去除了污水中含有的呈悬浮、胶体、溶解态的有机物质。处在"饥饿"状态内源代谢期的微生物吸附能力最强,可以去除最多的有机污染物。被吸附在活性污泥微生物菌体表面的有机污染物,在经过一段时间的曝气反应后,相继地被摄入微生物菌体内,因此,被"初期吸附去除"作用去除的有机污染物,在数量上是有一定限度的。对此,应对回流污泥进行充分的曝气反应,将微生物细胞表面和菌体内的有机污染物充分地加以代谢,使活性污泥微生物充分地进入内源代谢阶段,即使活性污泥得到充分地再生,提高活性。

微生物吸附的有机物被微生物摄入体内后随其进行代谢作用而降解。这就是代谢氧化阶段。附着于微生物表面呈微小颗粒、胶体和溶解状态的有机污染物在微生物透膜酶的催化作用下,透过菌体的细胞壁进入微生物体内。就此,如果是小分子的有机污染物,能够直接透过细胞壁进入菌体内部,而如果是淀粉、蛋白质等大分子,那么必须在细胞外水解酶的作用下,将其分解为若干小分子后,再为微生物摄入体内。被摄入菌体内的有机污染物,在各种胞内酶的作用下进行催化分解,一部分用于微生物分解代谢,最终形成 CO_2 和 H_2O,并从中获取合成新细胞所需的能量,另一部分用于微生物合成代谢,即合成菌体新细胞。在活性污泥反应器内,微生物进行的分解代谢和合成代谢,都能够去除污水中的有机污染物,使混合液的 BOD_5 值下降,污水得到净化处理,但产物却有所不同,分解代谢的产物是稳定的 CO_2 和 H_2O,可以直接排出系统进入环境。而合成代谢的产物则是新增殖的微生物细胞,也就是新增长的活性污泥,这一反应使系统内的活性污泥量有所增加,为了使活性污泥反应系统内的活性污泥量保持恒定值,则需要作为剩余污泥,从系统中定时、定量地排出与增长的活性污泥量同量的老化活性污泥,并应对其进行妥善处理,避免造成二次污染。

为保证活性污泥工艺系统持续稳定地运行,作为工艺主体的活性污泥需保证发育正常,质地良好,最重要的是沉降性能良好,可以完成絮凝沉淀和成层沉淀,并进行压缩。常用于表征活性污泥沉降性能的指标有以下几点。

1) 污泥沉降比(Settling Velocity, SV)

又称为 30 min 沉降率,是指搅拌混合良好的污泥混合液在量筒内静置沉淀 30 min 后所形成的污泥体积占原混合液容积的百分率,以百分比表示。污泥沉降比(SV)能够反映在活性污泥反应系统的正常运行过程中,在活性污泥反应器——曝气池内的活性污泥量,可用以控制、调节剩余污泥的排放量,还能通过它及时地发现污泥膨胀等异常现象的发生。它是活性污泥反应系统重要的运行参数,也是评定活性污泥数量和质量的重要指标。当污泥沉降比过大时,需要及时排放一部分污泥以免影响处理效果。但也存在污泥膨胀或其他原因导致的沉降性能变差,实际中应结合污泥指数等指标查明原因,采取措施。对于养殖废水,污泥沉降比通常控制在 20%～50%。

2）污泥体积指数(Sludge Volume Index，SVI)

简称污泥指数，是指曝气池出口处的混合液经过 30 min 静置沉淀后，1 g 干污泥所占体积，以 mL 计。

$$污泥指数＝\frac{混合液 30 \ min \ 静置沉淀后活性污泥容积(mL)}{混合液中悬浮物体干重(g)} \quad (4.1)$$

SVI 的表示单位为 mL/g，在习惯上，只称数字，而把单位略去。SVI 值能够反映活性污泥的凝聚、沉降性能，对一般的城市污水，此值以介于 70～100 之间为宜。SVI 值过低，说明活性污泥颗粒细小，无机物质含量高，这样的活性污泥活性较低；SVI 值过高，说明污泥不易沉淀，将要膨胀或已经膨胀。一般来说，废水中溶解性有机物含量过高时，SVI 值极有可能偏高；无机物含量偏高时，SVI 值极有可能偏低。

3）污泥龄(Sludge Age)

污泥龄是指活性污泥在曝气池内的平均停留时间，即曝气池内污泥总量与每日排放污泥量之比。控制污泥龄在合适的时间内是使活性污泥反应系统保持着正常、稳定运行的一项必要的条件，它直接影响曝气池内活性污泥的性能和功能。每日排放的污泥量应等于每日增长的污泥量减去每日随水流排放流走的污泥量。

传统活性污泥处理工艺主要由初沉池、曝气池、二沉池、供氧装置及污泥回流系统组成，基本流程见图 4.6。从初沉池中流出的污水进入曝气池前端，从二沉池底部回流的污泥也一同进入，通过曝气设备向曝气池内注入空气，为曝气池内的生物提供富氧条件，保证好氧微生物正常的生长繁殖。同时，曝气还可以充分搅拌混合液，使活性污泥与污水中的有机物充分接触，使有机物被完全氧化分解。混合液流至曝气池末端后进入二沉池，在此进行泥水分离，处理出水排出系统，分离所得的活性污泥一部分回流至曝气池前端，其余作为剩余污泥排出系统。

图 4.6　传统活性污泥法流程

活性污泥法对污水的去除效果良好,对 BOD_5 的去除率可高达 90％以上。活性污泥上的微生物经历了一个较完整的生长期,从曝气池首端的对数增殖期到池中间部位的减速增殖期,一直到池末端的内源呼吸期,回流污泥一般处于内源呼吸期。因此曝气池首段的需氧量也最大,一般采用鼓风曝气和机械曝气,鼓风曝气是用鼓风机供应空气,机械曝气则是利用曝气叶轮转动剧烈翻动水面,使空气溶于水中。

《室外排水设计标准》(GB 50014—2021)中对活性污泥法主要生物反应器——曝气池的要求见表 4.1。

表 4.1　曝气反应池主要设计参数

类别	BOD_5 污泥负荷 L_s[kg BOD_5/ (kg MLSS·d)]	污泥浓度 (MLSS) X(g/L)	容积负荷 L_V [kg BOD_5/ (m³·d)]	污泥回流比 R(％)	总处理 效率 η(％)
普通曝气	0.2~0.4	1.5~2.5	0.4~0.9	25~75	90~95
阶段曝气	0.2~0.4	1.5~3.0	0.4~1.2	25~75	85~95
吸附再生曝气	0.2~0.4	2.5~6.0	0.9~1.8	50~100	80~90
合建式完全混合曝气	0.25~0.5	2.0~4.0	0.5~1.8	100~400	80~90

活性污泥法具有以下优点:工艺成熟,运行方式多样,运行稳定,日常运维费用低;有机物去除效率较高,对 COD 和 BOD_5 的去除率可以高达 90％~95％;适用于处理进水水质比较稳定且对处理程度要求较高的大型城市污水处理厂。但同时活性污泥法也存在相应的缺点:处理构筑物,特别是曝气池的占地面积大,基建投资大;运行管理比较复杂,容易发生污泥膨胀、产生大量泡沫等;对抗冲击负荷的能力较弱;脱氮除磷的效率较低。

活性污泥法在处理养殖废水中有较好的应用。高云超等(2003)采用水解酸化－活性污泥－氧化塘法对猪场养殖废水进行处理,分析了不同处理单元的 SS、COD、BOD_5、TN、TP、pH,发现初沉池出口 SS 440 mg/L、COD 2 380 mg/L、BOD_5 1 526 mg/L、TN 672 mg/L、TP 9 mg/L,二沉池出口的 SS 减少了 50％、COD 减少了 85.9％,BOD_5 减少了 87.5％,TN 减少了 57.0％,TP 减少了 23.3％。可见活性污泥法对处理废水有重要作用,可以极大地去除有机物,但是对氮磷的处理效果较差。日本一些畜产废水处理厂采用活性污泥法处理养殖废水,SS、COD、

BOD$_5$、TN、TP 的去除率分别为 75.6％、65.7％、61.1％、45.7％、46.1％（陈梅雪等，2005）。

4.2.2 序批式活性污泥法

序批式活性污泥工艺系统（Sequencing Batch Reactor Activated Sludge Process，SBRASP，简称为 SBR），也称为间歇式活性污泥反应系统，是早期污水处理"进水-排水"（fill-draw）运行方式的一种改进。由于早期污水处理的技术有限，生产过程中遇到的一些问题还不能有效解决，因此才有了常用的连续进水推流式（或完全混合）排水的运行方式。但是近年来随着计算机行业和各类精密仪器设备的飞速发展，使得二十世纪初开创的间歇运行的活性污泥工艺长期未能克服的技术问题得到解决，并因其结构紧凑、占地面积小等特点而受到极大的重视与广泛的应用。在较短的时间内派生出多种各具特色的新工艺系统和变形工艺，形成了独特的 SBR 系列工艺。

SBR 工艺去除污染物的机制与传统活性污泥法基本相同，只是运行方式不同。传统活性污泥法采用连续运行的方式，废水连续地进入处理系统并连续的排出，系统内每一单元的功能不变，废水依次经过各单元从而完成处理过程。SBR 工艺系统则采用间歇运行的方式，是将原污水入流、有机底物降解反应、活性污泥沉淀的泥水分离、处理水排放等各项污水处理过程在统（唯）一的序批式反应器（也称为 SBR 工艺反应器或 SBR 反应器）内实施并完成。SBR 系统内只有一个处理单元，该处理单元在不同时间发挥不同作用，废水完成总反应后排出系统。

由于原污水连续流入，SBR 反应器的数量至少为两台。对每台 SBR 反应器，一般应按基本运行模式的 5 个阶段：进水、反应、沉淀、排水及闲置，即所谓的一个运行周期进行运行的，见图 4.7。

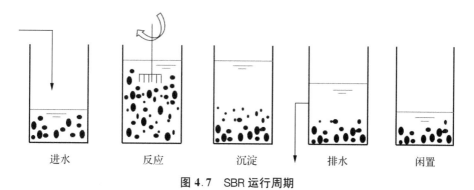

进水　　　　　反应　　　　　沉淀　　　　　排水　　　　　闲置

图 4.7　SBR 运行周期

（1）进水阶段　在原污水进水注入之前，反应器处于5个阶段中最后的闲置阶段（亦称待机阶段）。经处理后的污水已经在前一的排水阶段排放，反应器内，残存着高浓度的活性污泥混合液。废水连续进入反应器，达到最高运行水位后开始下一阶段。根据后续处理的要求不同，进水模式可分为两种：一种称为非限制性曝气，是边注入污水边对污水进行适量曝气。可取得污水预曝气的效果，或可取得使污泥再生，恢复或增强其活性的效果，如在下阶段进行的是去除BOD、硝化等反应，则采纳非限制性曝气措施，进行较强力的曝气操作，以满足活性污泥微生物的活性要求。另一种是限制性曝气，不进行曝气，只进行缓速搅拌，这种方法主要针对后续是脱氮或释磷的工艺。进水的延续时间主要取决于进水水质水量以及预期的处理效果。进水时间可按式（4.2）计算。

$$t_F = \frac{t}{n} \tag{4.2}$$

式中：t_F——每池每个周期所需要的进水时间（s）；

　　　t——一个运行周期所需要的时间（s）；

　　　n——每个系列反应池个数。

（2）曝气反应阶段　这是SBR工艺的核心处理阶段。这个阶段不进水也不排水，是活性污泥微生物与污水中应去除的底物组分进行反应和微生物本身进行增殖反应的过程。实际上这一阶段应当是从进水阶段立刻开始进行。这一阶段可以与进水阶段联合称之为"进水+反应阶段"，进水阶段结束后，反应阶段仍应继续进行，一直进行到混合液的水质达到对污水处理反应的目的与要求时为止。通过控制SBR工艺的运行方式可以达到不同的处理目的，如针对BOD_5的处理可以采用连续曝气的方式，而对于目标是（硝化反硝化）脱氮的处理效果，可以通过控制空气的供/停来改变反应器内缺氧、好氧的状态。曝气时间可按式（4.3）计算。

$$t_R = \frac{24S_o m}{1\,000 L_S X} \tag{4.3}$$

式中：S_o——生物反应池进水五日生化需氧量浓度（mg/L）；

　　　m——充水比，仅需除磷时宜为0.25～0.50，需脱氮时宜为0.15～0.30；

　　　L_S——生物反应池的五日生化需氧量污泥负荷[kg BOD_5/（kg MLSS·d）]；

　　　X——生物反应池内混合液悬浮固体平均浓度（g MLSS/L）。

（3）沉淀阶段　同样不进水也不排水。停止曝气和搅拌，反应器作为二沉池，使混合液处于静置状态，促进活性污泥和处理水分离。沉淀时间宜为1.0 h。

（4）排放阶段　经沉淀后产生的上清液，作为处理水排放，一直排到最低水位。同时排出剩余污泥。排水时间宜为 1.0~1.5 h。

（5）闲置阶段　闲置阶段位于排水和进水之间。设闲置阶段，能够提高运行周期的灵活性，就此，对设有多座反应器的 SBR 工艺系统，尤为重要。在这个阶段还可以进行下一个周期的准备工作，方便进水、曝气等的切换。

根据《室外排水设计标准》（GB 50014—2021），SBR 的设计参数应符合如下标准：

（1）当以脱氮为主要目标时，BOD 污泥负荷 L_s 应为 0.05~0.10 kg BOD_5/（kg MLSS·d），总氮负荷率应小于等于 0.05 kg TN/（kg MLSS·d）；

（2）当以除磷为主要目标时，BOD 污泥负荷 L_s 应为 0.4~0.7 kg BOD_5/（kg MLSS·d），污泥含磷率应控制在 0.03~0.07 kg TP/kg VSS；

（3）当要求同时脱氮除磷时，BOD 污泥负荷 L_s 应为 0.05~0.10 kg BOD_5/（kg MLSS·d），需氧量控制在 1.1~1.8 kg O_2/kg BOD_5。

（4）连续进水时，反应池的进水处应设置导流装置。

（5）反应池宜采用矩形池，水深宜为 4.0~6.0 m；反应池长度和宽度之比：间隙进水时宜为 1∶1~2∶1，连续进水时宜为 2.5∶1~4∶1。

（6）反应池应设置固定式事故排水装置，可设在滗水结束时的水位处。

（7）反应池应采用有防止浮渣流出设施的滗水器；同时，宜有清除浮渣的装置。

采用 SBR 来处理畜禽养殖废水的实验研究很多，且大多能取得较好的处理效果。曹瑞（2021）通过在实验室内构建的厌氧-好氧交替式 SBR 反应器处理模拟畜禽养殖废水，随着反应负荷的提高，反应器内与聚磷、吸磷有关的功能微生物活性升高，反应器对溶解性化学需氧量的去除率一直高于 80%，当进水溶解性化学需氧量的浓度从 $0.4×10^3$ mg/L 增加到 $1×10^3$ mg/L，反应器出水 PO_4^{3-}-P 浓度的平均值有所降低，从 1.88 mg/L 降低到 0.73 mg/L，平均去除率则从 76.7% 升高到 95.4%。但是由于畜禽养殖废水中的 C/N 比较低，SBR 处理过程中还要考虑反硝化碳源不足易酸化等问题。方炳南等（2012）采用 SBR 处理浙江省某规模化养猪场的沼液，发现对 COD 的去除最高只能到达 60% 左右，对氨氮的去除可达 90%，但全流程结束后氨氮出水浓度还是高达 200 mg/L，主要原因就是酸化过度导致微生物活性下降。一项关于澳大利亚养猪场沼液的处理研究也表明 SBR 出水 pH 低于 6.0，对磷的去除率只有 49%，出水水质难以达标（Edgerton et al.，2000）。

为解决上述问题，不少研究者对 SBR 工艺进行了改良，以提高对畜禽养殖废水的处理效果。杜龑等（2018）采用升流式厌氧污泥床（UASB）与 SBR 连用的处理方式来处理畜禽养殖废水，结果发现组合工艺对废水 COD、NH_4^+-N 和 TN 去除率分别达到 90.87%、98.65% 和 71.59%，出水水质 COD≤180 mg/L、TN＜50 mg/L、NH_4^+-N＜15 mg/L，满足出水要求。柳剑等（2009）应用污泥床滤器（UBF）和 SBR 连用的工艺，对养殖废水的处理效果达到排放标准，并且发现 SBR 对养殖废水中的氮有良好的处理效果，具体数据见表 4.2。

表 4.2　养殖废水处理效果表（柳剑 等，2009）

项目	进水 （mg/L）	出水 （mg/L）	去除率（%）
COD	2 300～3 929	178～321	89.7～92.2
BOD$_5$	1 113～1 825	82～138	87.6～95.5
NH$_3$-N	669～1 129	40～55	95.0～98.4

综上所述，与一般活性污泥处理工艺相比，SBR 具有如下特点：

（1）SBR 工艺系统流程简化，基建与维护运行费用较低。无须设置二沉池和污泥回流系统等相应的设备，并且由于结构紧凑，还可以节省占地面积。

（2）运行方式控制灵活，脱氮效果较好。SBR 系统可以通过控制进水采用不同的曝气方式，如限制曝气方式、非限制曝气方式或半限制曝气方式，来维持反应器内好氧、缺氧或厌氧交替的环境，为适当的微生物提供合适的生存条件。

（3）SBR 工艺系统本身具有抑制活性污泥膨胀的条件，污泥性质较好，污泥产率低。SBR 工艺在其反应过程中，其混合液处于时间上的理想推流状态，其中的有机底物浓度梯度也达到较大值，适合菌胶团生长，污泥结构紧凑，沉降性能良好。而排除的剩余污泥处于内源呼吸期，因此产率较低。

（4）耐冲击负荷能力强，无须设置调节池。SBR 工艺系统在时间上，是一个理想推流工艺系统，但是就其在反应器内水流状态来论，可以说是一个典型的完全混合工艺系统。完全混合工艺在耐冲击负荷方面要强于推流式系统。

（5）容积利用率低。

（6）控制设备较复杂，对其运行维护的要求高。

（7）SBR 工艺系统流量不均匀，处理水排放水头损失较大，与后续处理工段协调困难。

4.2.3 膜生物反应器

传统的废水生化处理技术中,如活性污泥法,泥水分离主要依靠二沉池中重力作用静置沉淀。泥水分离的效果主要取决于污泥的沉降特性,而沉降特性又取决于曝气池的运行效果。这实际上限制了活性污泥法的应用范围。污水的生物膜处理法是与活性污泥法并列的一种污水好氧生物处理技术。这种处理法的实质是使细菌和菌类相关的微生物和原生动物、后生动物一类的微型动物附着在滤料或某些载体上生长繁育,并在其上形成膜状生物污泥——生物膜。污水与生物膜接触,污水中的有机污染物,作为营养物质,为生物膜上的微生物所摄取,污水得到净化,微生物自身也得到繁衍增殖。污水的生物膜处理法既是古老的,又是发展中的污水生物处理技术。膜生物反应器(MBR)在废水处理领域中的应用始于 20 世纪 60 年代的美国,但受技术限制,膜使用寿命短,透水量小,难以应用于实际。20 世纪 70 年代后期,日本研究人员对膜分离技术的应用进行了广泛深入的研究,促使膜生物反应器走向实际应用。我国针对膜生物反应器的研究始于 20 世纪 90 年代。2006 年我国首次运行万吨级 MBR 项目,MBR 在我国市政与工业废水处理中得到广泛应用,但膜污染造成的通量下降、能耗药耗上升成为限制 MBR 技术应用的主要因素(于伯洋 等,2020)。

膜生物反应器(MBR)主要由膜组件和生物反应器两部分组成,是一种组合技术,与传统生物处理技术相比,膜生物反应技术添加了膜分离技术,省略了后续处理步骤中的二沉池;相较于传统膜分离技术,膜生物反应技术添加了生物处理技术,不仅能够截留污水中的污染物,还能够应用微生物对有机、无机污染物进行分解利用,有效提高环境工程污水排放的出水水质。膜生物反应器内有大量微生物,这些微生物与废水中可降解有机物充分接触后,通过氧化分解作用进行新陈代谢以维持自身生长、繁殖,同时使有机物矿化。随废水流出的污泥经过后续机械筛分、截流等作用对废水和污泥混合物进行固液分离。

根据生物膜处理工艺系统内微生物附着生长载体的状态,生物膜工艺可以划分为固定床和流动床两大类。在固定床中,附着生长载体固定不动,在反应器内的相对位置基本不变;而在流动床中,附着生长载体不固定,在反应器内处于连续流动的状态。基于生物反应器内是否供氧,各生物膜工艺或者处于好氧状态,或者处于缺氧和厌氧状态。迄今为止,属于生物膜处理法的工艺主要有生物滤池(普通生物滤池、高负荷生物滤池、塔式生物滤池)、生物转盘、生物接触氧化设备、生物流化床、曝气生物滤池(BAF)及派生工艺、移动床生物膜反应器(MBBR)等。

膜生物反应器内微生物具有以下特征:

(1)具有多种微生物参与反应 生物膜上的微生物附着于填料或滤料上,生物平均停留时间(污泥龄)长,因此膜上可以生长一些世代时间长的微生物,线虫类、轮虫类以及寡毛虫类的微型动物出现的频率也较高。

(2)生物食物链长 生物膜上可以栖息高次营养水平的微生物,形成的食物链要长于一般活性污泥法。在生物膜处理系统内产生的污泥量也少于活性污泥处理系统。

(3)每段生物膜都有优势种属 每段生物膜都繁衍了与本段污水性质相适应的微生物。

《室外排水设计标准》(GB 50014—2021)中对 MBR 的主要设计参数提出建议,见表4.3。

表4.3 膜生物反应器工艺的主要设计参数

名称	单位	典型值或范围
膜池内污泥浓度(MLSS)X	g/L	6～15(中空纤维膜) 10～20(平板膜)
生物反应池的五日生化需氧量污泥负荷 L_s	kg BOD_5/(kg MLSS·d)	0.03～0.10
总污泥龄 θ_C	d	15～30
缺氧区(池)至厌氧区(池)混合液回流比 R_1	%	100～200
好氧区(池)至缺氧区(池)混合液回流比 R_2	%	300～500
膜池至好氧区(池)混合液回流比 R_3	%	400～600

MBR 系统对水质水量变动有较强的适应性,有较高的出水稳定性,还能处理低浓度的有机废水。生物处理设施与膜组件的结合延长了难降解大分子物质在生物反应器内的停留时间,提高了系统的出水效果。膜生物反应器形成的污泥比重较大,沉降性能良好,易于固液分离。运行过程中排泥周期长,操作弹性大,易于维

护管理。

采用低能耗复合膜生物反应器处理畜禽废水,发现在进水 COD_{Cr} 为 $0.8\times10^3\sim1.2\times10^3$ mg/L、NH_3-N 为 $200\sim250$ mg/L、TP 为 $15\sim30$ mg/L、SS 为 $1\times10^3\sim1.2\times10^3$ mg/L 时,出水 COD_{Cr} 为 100 mg/L 左右、NH_3-N 为 15 mg/L 以内、TP 为 $4\sim6$ mg/L、SS 为 $0\sim5$ mg/L,优于《畜禽养殖业污染物排放标准》(GB 18596—2001),可以作为农业灌溉水得到重复利用。同时,由于复合膜的特性,低能耗膜生物反应器可以通过物理作用有效控制膜污染,被污染后可以通过一定量的次氯酸钠浸泡来恢复膜性能,恢复率高达 95% 以上(杨爱军 等,2018)。国内采用 MBR 技术处理养殖废水的实验室研究较多,实际工程运行报道较少。孟海玲等(2007)采用膜生物反应器处理北京某猪场厌氧罐出水,进水 SS 486 mg/L,COD 1 715 mg/L,NH_4^+-N 685 mg/L,在低溶解氧条件下,运行期间膜分离池内污泥浓度(MLSS)在 $8.48\sim13.1$ g/L,COD 和 NH_4^+-N 的去除率分别平均为 76% 和 73.1%,出水中未检出 SS,但是出水 COD 412 mg/L,NH_3-N 184 mg/L。总体而言,MBR 对养殖废水的处理效果较好,SS、P、BOD 等的去除效果较好,但是对于 COD 和 NH_4^+-N,还需要组合其他工艺进行进一步去除。

MBR 工艺具有一系列优点:占地面积小,易于实现自动化控制,操作管理方便;污染物去除率高,固液分离效率高,出水水质较好;污泥停留时间长,反应器内污泥浓度高,具有较高的容积负荷;抗冲击负荷能力强,污泥不易膨胀;剩余污泥产量低。同时,MBR 也具有一些不可避免的缺点:容易产生膜污染,混合液中的悬浮物等都会降低膜的通透性,从而导致膜生物反应器的更换周期短,运行维护成本高;MBR 的投资高,电耗也高。

4.2.4 接触氧化法

接触氧化法实质上是一种介于活性污泥法和生物膜法之间的一种技术,兼有两者的优点。接触氧化技术是在池内充填填料,已经充氧的污水浸没全部填料,并以一定的流速流经填料。在填料上布满生物膜,污水与生物膜广泛接触,在生物膜上微生物的作用下,污水中有机污染物得到去除,污水得到净化。此外,在污水流经填料期间,采用与曝气池相同的曝气方式,向微生物提供生命活动所需的氧。

生物膜是由高度密集的好氧菌、厌氧菌、兼性菌、真菌、原生动物以及藻类等组成的生态系统,自填料向外可分为厌氧层、好氧层、附着水层、运动水层。生物膜首先吸附着水层有机物,由好氧层的好氧微生物将其分解,再进入厌氧层进行厌氧分解,流动水层则将老化的生物膜冲掉以生长新的生物膜。生物膜中的微生物吸收分解水中的有机物,使污水得到净化,同时微生物也得到增殖,生物膜随之增厚。当生物膜增长到一定厚度时,向生物膜内部扩散氧受到限制,其表面仍是好氧状态,而内层则会呈缺氧甚至厌氧状态,并最终导致生物膜的脱落。随后,填料表面还会继续生长新的生物膜,周而复始,使废水得到净化。

19 世纪末,德国开始将生物接触氧化法用于废水处理,但受限于当时的工业水平,没有适当的填料,未能广泛应用。到 20 世纪 70 年代合成塑料工业迅速发展,轻质蜂窝状填料问世,日本、美国等开始研究和应用生物接触氧化法。中国在 20 世纪 70 年代中期开始研究应用生物接触氧化法处理城市污水和工业废水。生物接触氧化法基本工艺流程,见图 4.8。

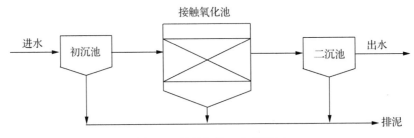

图 4.8　接触氧化工艺示意图

生物接触氧化池是该工艺的核心,接触氧化池之前需要设置初次沉淀池,之后设置二次沉淀池。为了提高处理效率,生物接触氧化法可采用两段或两级法。两段法的设施主要包括初次沉淀池、一级接触氧化池、中间沉淀池、二级接触氧化池和末端沉淀池。接触氧化池有两种类型:分流式和直流式。分流式的曝气装置在池的一侧,填料装在另一侧,依靠泵或空气的提升作用,使水流在填料层内循环,给填料上的生物膜供氧。分流式的优点是废水在隔间充氧,氧的供应充分,对生物膜生长有利。分流式的缺点是氧的利用率较低,动力消耗较大;因为水力冲刷作用较小,老化的生物膜不易脱落,新陈代谢周期较长,生物膜活性较低;同时还会因生物膜不易脱落而引起填料堵塞。日本多采用分流式接触氧化反应池。直流式是在接触氧化池填料底部直接鼓风曝气。生物膜直接受到上升气流的强烈扰动,更新较快,保持较高的活性;同时在进水负荷稳定的情况下,生物膜能维持一定的厚度,不易发生堵塞现象。目前国内多采用直流式接触氧化反应池。

接触氧化反应池主要由池体、进出水系统、填料和支架及曝气设备组成。

（1）池体 生物接触氧化池池体的作用是接受被处理废水,在池内固定部位设置填料、曝气系统,为微生物创造适宜的环境条件,强化有机污染物的降解反应,排放处理水及污泥。生物接触氧化池的结构在表面上可分为圆形、方形和矩形,一般采用矩形,长宽比宜为 2:1。表面尺寸以满足配水布气均匀,便于填料充填和维护管理的要求,并应尽量考虑与前处理构筑物及二次沉淀池相协调,以降低水头损失。生物接触氧化池高度由填料层、配水层、布气层、填料层上的稳定水层高度以及保护层高度决定,同时也要考虑曝气系统的压力以及水泵的提升高度等因素。一般情况下,填料层高度为 2.5～3.5 m,多采用 3 m,布气层高度为 0.6～0.7 m,稳定水层高度为 0.4～0.5 m,保护层高度不宜小于 0.5 m,总高度为 4.5～5.0 m。

（2）进水系统 废水在生物接触氧化池内的流态基本上为完全混合式,因此,对进水系统无特殊构造要求。可以使用管道直接进水;也可以从底部进水,与空气同向流动;还可以从上部进水,与空气逆向流动。为了防止短流,最好在进水端设置导流槽,其宽度不宜小于 0.8 m,导流槽与接触氧化池之间应用导流墙隔开。导流墙下缘至填料底面的距离宜为 0.3～0.5 m,至池底的距离不宜小于 0.4 m。

（3）出水系统 生物接触氧化池出水系统也比较简单,当空气与进水采用同向流时,在池顶设溢流堰与出水槽排放处理水;当空气与进水采用逆向流时,则在池外壁与填料之间的四周设出水环廊,并在其顶部设溢流堰与出水槽,处理水由出水环廊上升经溢流堰与出水槽排放。过堰负荷宜为 2.0～3.0 L/(s·m)。

（4）填料和支架 选用适当的填料以增加生物膜与废水的接触表面积是提高生物膜净化废水能力的重要措施。填料要易挂膜、质量轻、强度好、材质抗老化、比表面积大、不易结垢、不带来新的毒害。采用较多的填料有玻璃布、塑料等,此外,也可采用绳索、合成纤维、沸石、焦炭等填料。填料形式有蜂窝状、网状、斜波纹板等。以前主要采用蜂窝状填料,目前常用的填料为立体弹性填料,比表面积为 300 m²/m³,填料长度为 1～2.5 m,直径为 120～150 mm。立体弹性填料与硬性类蜂窝填料相比,孔隙可变性大、不堵塞;与软性类填料相比,材质寿命长、不粘连结团;与半软性填料相比,表面积大、挂膜迅速、造价低廉。填料充填支架设置在池的固定位置,用以安装、固定填料,设置的部位与方式则根据采用的填料类型与安装方式确定。支架可采用钢材或塑料,采用钢材时,需要进行防腐处理。

（5）曝气设备　悬挂式填料宜采用鼓风式穿孔曝气管、中孔曝气器，悬浮填料宜采用穿孔曝气管、中孔曝气器、射流曝气器和螺旋曝气器。鼓风曝气宜采用主管和支管相结合的曝气系统，池底主管宜采用环形、一字形、十字形、王字形等。根据曝气系统的大小，支管采用一点、两点或多点进气入主管。一字形、十字形、王字形等主管端口应封闭。

赵秋菊等（2015）采用生物接触氧化处理反应器处理辽宁某奶牛场的养殖废水，生物接触氧化池长 0.8 m，宽 0.5 m，高 0.5 m，总容积 160 L，反应区容积 100 L，沉淀区容积 60 L。在最佳水力停留时间 48 h，最佳温度 22 ℃ 的条件下，反应器对 COD 的去除率高达 94%，对氨氮的去除率在 80% 左右，对 TP 的去除率大约在 54%，最佳气水体积比为 45∶1～55∶1。接触氧化处理技术还可以与其他技术连用以取得更好的效果。徐志霖等（2012）采用化学预脱氮除磷—厌氧折板反应器（ABR）—接触氧化法—人工湿地处理湖南某养猪场的养殖废水，COD 去除率高达 96%，氨氮和 TP 的去除率分别为 88% 和 60%，出水水质达到《畜禽养殖业污染物排放标准》（GB 18596—2001）所规定标准。

接触氧化法有许多优点：容积负荷高，处理时间短，节约占地面积；微生物浓度高，耐冲击负荷能力强；污泥产量低，无须污泥回流设备；容易挂膜，间歇运行也可以取得较好的效果；不存在污泥膨胀问题。同时，接触氧化法也存在脱氮除磷效果差、滞留的脱落生物膜难以排除、布气布水不均匀等缺点。

4.3　厌氧-好氧组合处理

厌氧处理能耗低、产生的污泥量少、运行费用低，通常用于高浓度有机废水的净化，在降解有机污染物的同时，回收 CH_4。尽管厌氧处理可以降解 60%～80%，甚至 90% 的有机污染物。但是，厌氧处理仍存在一些不足，如对氮去除效果差，氨氮基本没有去除，出水氮磷浓度仍然较高；即使有机物去除了 80% 左右，出水中有机物也难以达到排放标准。废水的好氧处理则正好相反，好氧处理对有机物以及氨氮等物质的去除效率高，并且采用曝气设备等装置，运行费用较高。因此，对于高浓度有机废水，通常采用厌氧-好氧组合工艺进行处理，既可以利用厌氧处理回收能源，又能利用好氧处理对污染物去除彻底的优势。因为具有生物降解有机物比较彻底的能力，厌氧-好氧组合工艺常用于高浓度有机废水（啤酒废水、淀粉废水、发酵工业废水、养殖废水等)的达标处理,以及氯代芳香烃的生物降解,包括厌氧脱氯和好氧破坏。厌氧-好氧组合工艺具有以下优势:

(1) 厌氧处理单元可以代替纯好氧处理系统的初沉池、污泥浓缩池和污泥消化池及其配套设备;

(2) 厌氧-好氧组合工艺的好氧处理单元的能耗相比纯好氧处理系统大大降低;

(3) 厌氧-好氧组合工艺的污泥产量相比纯好氧处理系统大大减少;

(4) 总投资降低 50%~80%;运行费用节约 40%~50%。

由于厌氧处理工艺处理出水(沼液)氮磷浓度仍然比较高,应该优先考虑还田利用,在不能完全利用时,厌氧处理出水需要进行进一步后处理,达到排放标准后排入水体。后处理的目标主要是去除残余的有机污染物以及厌氧处理过程难以去除的 N、P 营养物质。后处理可以采用自然处理、好氧处理、物化处理等。自然处理仍然需要大量土地,在土地紧张地区,好氧处理仍然是厌氧出水后处理的主流方法。图 4.9 是传统的畜禽养殖废水厌氧-好氧组合处理工艺流程图。

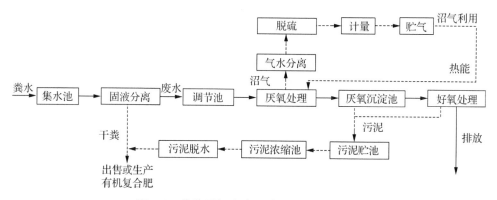

图 4.9　传统厌氧-好氧组合处理工艺流程图

猪场废水首先进入集水池,然后经过固液分离机,分离的粪渣用于生产有机肥或还田利用,分离出的废水进入调节池,然后进入厌氧消化装置,产生的沼气经过净化、计量、储存后用于发电或作养猪场燃料或附近农户的生活燃料。厌氧消化后的沼渣沼液经过厌氧沉淀池沉淀,污泥进入污泥处理系统,沉淀上清液(沼液)进入好氧处理单元,进行好氧处理。第一代厌氧-好氧组合处理工艺的典型特点是,猪场废水全部进入厌氧处理单元,产生能量加热所有废水,厌氧处理出水(沼液)直接进行好氧处理。好氧处理工艺有厌氧-好氧工艺(A/O 工艺)、两级 A/O 工艺、SBR

工艺、MBR 工艺等。

Huang 等(2007)对经预处理的养猪废水进行试验,研究回流比对升流式厌氧污泥床——活性污泥(UASB-AS)工艺硝化和反硝化作用的情况。研究发现,回流比为1~3时,凯式氮的去除率达100%,总氮去除率达54%~77%。表明高的回流比可以使硝化细菌的活性大大增加,从而可以提高总氮的去除率。但并未对其去磷效果作出研究。陈亮等(2007)采用水解酸化-UASB-活性污泥工艺处理奶牛养殖场废水,取得较好的处理结果,UASB 即升流式厌氧污泥床,奶牛养殖场废水经过 UASB 池后,在好氧曝气生化系统中,通过控制曝气时间,提高了脱氮除磷效率,氨氮、总磷去除率分别为 89%、60%。最后出水进入氧化塘,利用氧化塘中的水葫芦及其他生物,进一步去除氨氮和总磷,去除率分别为 41.5%、49%。杨迪等(2015)对猪场厌氧-好氧处理出水进行混凝、氧化等深度处理,发现絮凝可以进一步去除废水中的 COD 和氮磷,采用生石灰和 PAM 作为絮凝剂,出水 COD 浓度能达到 83 mg/L,氨氮为 7.36 mg/L,TP 为 0.3 mg/L,达到《污水综合排放标准》(GB 8978—1996)中要求。

畜禽养殖废水脱氮除磷仍有很大的发展空间。我国对养殖废水的处理主要采用厌氧-好氧的组合工艺,经试验研究及工程应用证实对 COD 及 SS 有效,但对脱氮除磷方面效果不明显。在实际应用中畜禽废水氮磷浓度高,不易去除,且存在资金少、行业效益低等问题,因而氮磷处理效果不佳,污水不能实现达标排放。国外对畜禽养殖污染物的处理也是采用厌氧-好氧工艺,再配合适当的土地系统处理,处理效果可以达到标准。因此应针对我国的实际情况,在综合考虑经济、地理因素的情况,应该充分利用我国资源优势,加强投资力度与管理,走集约化养殖道路,集中处理养殖污染物。

4.4 本章小结

由于处理效果好,成本较低,可以同时达到脱氮除磷的效果,生化法广泛应用于处理畜禽养殖废水。好氧生物处理法以活性污泥法为开端,不断衍生发展出了SBR、MBR、接触氧化法等方法,针对传统活性污泥法污泥产量大,容易产生污泥膨胀等缺点进行改进提高,显著增强了好氧生物处理工艺的除 COD、氨氮和总磷的效果。厌氧生物处理法通过厌氧微生物的厌氧消化三阶段,将养殖废水中的有机物分解并产生沼气,成本低廉,并且能在废水处理过程中回收能源,不仅适用于高浓度有机废水处理,还可以用于污泥消化、中低浓度废水的处理。将厌氧、好氧工艺组合连用,可以同时获得两者优点,避免两者的缺点,单位能耗、总投资、运行费用都可以大大降低,有广阔的应用前景。对于畜禽养殖废水而言,厌氧-好氧组合工艺值得进一步总结发展。

5 畜禽养殖业废水的自然处理

养殖废水经过厌氧处理后产生的消化液,应优先考虑采用自然生态处理还田利用。废水的自然处理是指利用天然水体和土壤中的微生物(细菌、真菌、藻类、原生动物等)的代谢活动,土壤或人工填料的物理、化学以及物理化学作用和水生植物的综合作用,使废水中的有机污染物和氮磷等元素得到转化、降解和去除,从而实现废水净化的方法。自然处理法主要包括氧化塘(稳定塘)、人工湿地和土地渗滤处理系统。

5.1 氧化塘模式

氧化塘(Oxidation Ponds),又称为稳定塘(Stabilization Ponds),是经过人工适当修整的土地,设围堤和防渗层的污水池塘,主要依靠自然生物净化功能使污水得到净化的一种污水生物处理技术。除其中个别类型如曝气塘外,在提高其净化功能方面,不采取实质性的人工强化措施。污水在塘中的净化过程与自然水体的自净过程相近。污水在塘内缓慢地流动,较长时间贮留,通过在污水中存活微生物的代谢活动和包括水生植物在内的多种生物的综合作用,使有机污染物降解污水得到净化。氧化塘净化废水的全过程,包括好氧、兼性和厌氧3种状态。好氧微生物生理活动所需的溶解氧主要由塘内以藻类为主的水生浮游植物所产生的光合作用提供。

根据氧化塘水中的优势生物种群和塘水中的溶解氧量,氧化塘可以分为厌氧塘、兼性塘、好氧塘。

5.1.1 厌氧塘

厌氧稳定塘,简称厌氧塘,是一类在无氧状态下净化废水的稳定塘,是以厌氧微生物为主降解有机污染物的废水生物处理工艺。塘水深度一般在2.0 m以上,有机负荷率高,整个塘水基本上都呈厌氧状态,在其中进行水解、产酸以及甲烷发酵等厌氧反应全过程。净化速度低,污水停留时间长,具有构造简单、运行费用低等特点。

厌氧塘一般可作为畜禽养殖高浓度有机废水的首级处理工艺,可以在其后设置兼性塘、好氧塘甚至深度处理塘。采用自然处理系统处理猪场废水时,厌氧塘可以替代厌氧消化装置,起到厌氧消化的作用(图 5.1)。在厌氧消化出水浓度较高时,可采用厌氧塘作为二级处理单元。厌氧塘之前应设格栅,如废水含砂量大或含油高应增设沉砂池或除油池。厌氧塘作为预处理工艺使用时,截留污泥量大,可大大减小随后的兼性塘、好氧塘的容积以及污泥量,同时可消除夏季运行时兼性塘的浮泥现象(张建英 等,1996)。

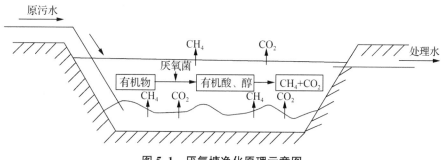

图 5.1　厌氧塘净化原理示意图

厌氧塘对污染物的去除机制与前述厌氧生物处理机制基本相同,即"厌氧三阶段理论"(水解酸化、产氢产乙酸、产甲烷)同样适用于厌氧塘。先由水解酸化细菌将复杂有机物(多糖、脂类、蛋白质等)水解转化为简单有机物(脂肪酸、醇类等),而后由产氢产乙酸菌将有机酸和醇类分解转化为乙酸、H_2 和 CO_2,最后再由产甲烷菌将乙酸和 H_2、CO_2 转化为 CH_4 和 CO_2。产甲烷阶段成为厌氧生物处理的限速步骤,因此对产甲烷菌有影响的条件即为厌氧塘的控制性因素,如温度、溶解氧、pH、有机负荷、C/N 比、重金属等。张建英等(1996)分析了污水性质、pH、负荷等因素对厌氧塘处理污水效果的影响,分析发现厌氧更适用于处理有机物浓度较高,成分较复杂的有机废水,在塘内的停留时间越长,处理效果越好,处理 COD 浓度为 2.95×10^3 mg/L 的合成废水时,COD 去除率最大可达 60%~70%。

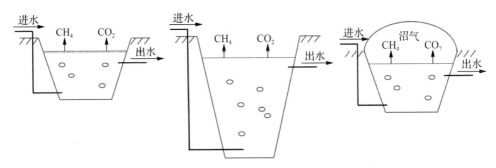

图 5.2 不同厌氧塘结构示意图(王子月 等,2018)

根据厌氧塘的结构不同(图 5.2),可以将其分为普通厌氧塘、超深厌氧塘和封闭式厌氧塘。

厌氧塘通常采用有机负荷法进行设计,设计参数应由试验确定,没有试验数据时,可参照已有工程运行参数。厌氧塘的有机负荷有三种表示方式:BOD_5 表面负荷[kg BOD_5/(10^4 m^2 · d)]、BOD_5 容积负荷[kg BOD_5/(m^3 · d)]、VSS 容积负荷[kg VSS/(m^3 · d)],我国对城市污水处理厌氧塘的设计多采用 BOD_5 表面负荷法。最低容许 BOD 表面负荷率与 BOD_5 容积负荷率、气温有关。我国北方可采用 300 kg BOD_5/(10^4 m^2 · d),南方可采用 800 kg BOD_5/(10^4 m^2 · d)。我国给水排水设计手册对厌氧塘处理城市污水的建议负荷率值为 20～60 g BOD_5/(m^2 · d)、200～600 kg BOD_5/(10^4 m^2 · d)。

以厌氧塘代替初次沉淀池,有以下优点:可以降解 30% 左右的有机物;使部分难降解有机物转化为小分子易降解的有机物,有利于后续处理;厌氧发酵减少污泥量,降低污泥处理与处置费用。厌氧塘对有机污染物的去除率取决于水温、负荷率、水力停留时间以及污水性质等因素。根据我国城市污水处理厌氧塘的中试结果,BOD 去除率为 30%～60%(张自杰,2015)。厌氧塘单位产气量较低,产生的气体中甲烷含量较低,因此一般不进行气体回收。

5.1.2 兼性塘

兼性塘是氧化塘中应用最为广泛的一种。兼性塘一般深 1.0～2.0 m,在塘的上层,阳光能够照射透入的部位,为好氧层,其所产生的各项指标的变化和各项反应与好氧塘相同,由好氧异养微生物对有机污染物进行氧化分解;藻类的光合作用和水面复氧作用强烈,溶解氧含量较高。在塘的底部,由沉淀的污泥、衰死的藻类和菌类形成了污泥层,在这层里由于缺氧,而进行由厌氧微生物起主导作用的厌氧发酵,从而成为厌氧层。

好氧层与厌氧层之间,存在着一个兼性层,在这里溶解氧量很低,而且是时有时无,一般在白昼有溶解氧存在,而在夜间又处于厌氧状态,在这层里存活的是兼性微生物,这一类微生物既能够利用水中游离的分子氧,也能够在厌氧条件下,从NO_3^-或CO_3^{2-}中摄取氧。

兼性塘内生物种群丰富,对有机物的降解作用比较复杂(图5.3)。兼性塘好氧层处理污水的作用原理与好氧生物处理原理基本相同,但由于污水的停留时间长,有可能生长繁育多种种属的微生物,其中包括世代时间较长的种属,如硝化菌等。除有机物降解外,这里还可能进行更为复杂的反应,如硝化反应等。厌氧区发生作用的原理与厌氧消化机制相同,厌氧区也可以去除大约20%的BOD_5。

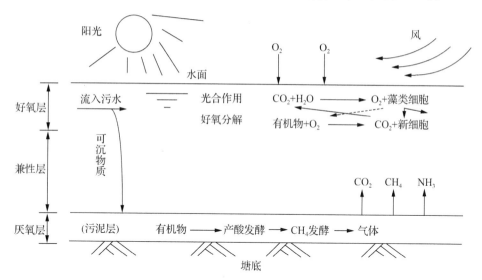

图5.3 兼性塘净化作用示意图

兼性塘可以与其他处理设施连用,也可以将数座兼性塘串联构成塘系统。信欣等(2014)利用厌氧塘/兼性塘/好氧塘连用的工艺,在实验室小试的范围内,可以去除80%以上的COD和41.74%的总磷,出水可达《畜禽养殖业污染物排放标准》(GB 18596—2001)要求。朱乐辉等(2010)采用升流厌氧污泥床/生物滴滤池/兼性塘串联处理江西某养猪场养猪废水,处理效果显著,对COD、BOD_5、NH_3 - N、SS的最高去除率分别可以达到95.0%、99.8%、86.7%、97.5%。

兼性塘内废水的停留时间一般规定为7~180 d,幅度很大。高值用于北方,即使冰封期高达半年以上的高寒地区也可以采用。低值用于南方,但也能够保持处理水水质达到规定的要求。具体停留时间应根据不同地区的水质、气象条件以及对处理水的水质要求来确定。兼性塘 BOD_5 表面负荷率按 $0.000\ 2\sim0.010\ kg/(m^2\cdot d)$ 考虑。低值用于北方寒冷地区,高值用于南方炎热地区。我国幅员辽阔,表面负荷率也处于较大的范围。负荷率的选定应以最冷月份的平均温度作为控制条件,同时还要考虑池容积,即废水停留时间的影响(张自杰,2015)。

5.1.3 好氧塘

好氧塘是在有氧条件下净化废水的稳定塘。好氧塘的深度一般在 $0.5\ m$ 左右,阳光能透入池底,采用较低的有机负荷值,塘内存在着藻-菌及原生动物的共生系统。依靠藻类的光合作用以及塘表面的复氧作用对池内的好氧微生物进行供氧,使池保持良好的好氧状态。

在好氧塘内高效地进行着光合成反应和有机物的降解反应,溶解氧是充足的,但在一日内波动较大,在白昼,藻类光合作用放出的氧远远超过藻类和细菌所需要的,塘水中氧的含量很高,可达到饱和状态,晚间光合作用停止,由于生物呼吸所耗,水中溶解氧浓度下降,在凌晨时最低,阳光开始照射,光合作用又再开始,水中溶解氧再行上升。好氧塘的净化速率较高,降解有机物的速率较快,水力停留时间短,但进水应进行比较彻底的预处理去除可沉悬浮物,以防形成污泥沉积层,造成底部厌氧菌繁殖。好氧塘的缺点是占地面积大,处理水中含有大量的藻类,需进行除藻处理,对细菌的去除效果也较差。

根据有机物负荷率的高低,好氧塘还可以分为高负荷好氧塘、普通好氧塘和深度处理好氧塘3种。高负荷好氧塘,有机物负荷率高,污水停留时间短,塘水中藻类浓度很高,这种塘仅适于气候温暖、阳光充足的地区采用。普通好氧塘,即一般所指的好氧塘,有机负荷率较前者低,以处理污水为主要功能。深度处理好氧塘,以处理二级处理工艺出水为目的的好氧塘,有机负荷率很低,水力停留时间也较普通好氧塘低,处理水质良好。

为提高好氧塘的处理效率,还可以采用机械供氧设备。采用人工曝气装置向塘内污水充氧,并使塘水搅动的稳定塘又称为曝气塘。曝气塘是经过人工强化的稳定塘,曝气装置多采用表面机械曝气器,但也可以采用鼓风曝气系统。

温泉等(2011)在小试氧化塘装置内试验了某养猪场厌氧消化罐出水,在平均气温为 $23.1\ ℃$ 的条件下,$0.3\ m$、$0.5\ m$、$0.7\ m$ 塘进水负荷均为 $0.05\ m^3/(m^2\cdot d)$,

水力停留时间分别为 60 d、77 d、109 d,结果发现,3 个氧化塘对 $NH_4^+ - N$ 的去除率都在 60% 以上,对 COD_{Cr} 的去除率在 60% 左右,对 TP 的去除率在 50% 以上,其中以 0.3 m 的氧化塘容积去除负荷最高。在相同的表面负荷下,越深的好氧塘对有机污染物具有较高的表面去除负荷,但越浅的好氧塘则有更高的容积去除负荷。因此在实际工程应用中,可在好氧塘容积一定的条件下,通过增大面高比来获得更好的处理效果。硝化作用与藻类的吸收是好氧塘去除 $NH_4^+ - N$ 的主要方式,而沉淀作用则是 COD 和 TP 的主要去除方式。

好氧塘可作为独立的污水处理技术,也可以作为深度处理技术,设置在人工生物处理系统或其他类型稳定塘(兼性塘或厌氧塘)之后。风是稳定塘塘水混合的主要动力,为此,好氧塘应建于高处通风良好的地域;每座塘的面积以不超过 4 万 m^2 为宜。塘表面积以矩形为宜,长宽比为 2∶1~3∶1,塘堤外坡(宽∶高)4∶1~5∶1,内坡(宽∶高)3∶1~2∶1,堤顶宽度取 1.8~2.4 m。

5.2 人工湿地

湿地是陆地和水域之间的过渡地带。人工湿地(Constructed Wetlands,CW)是一个综合的生态系统,它应用生态系统中的物种共生与物质循环再生原理、结构与功能协调原则,在促进污水污染物质良性循环的前提下,充分发挥资源的再生潜力,使污水得到有效处理与资源化利用。人工湿地和好氧或厌氧生物处理技术相比,具有缓冲容量大、处理效果好、投资少、运行维护费用低等优点,适用于中小型水厂,尤其对畜禽废水中氮磷等营养成分具有较好的去除效果,不仅可以循环利用营养成分,湿地系统本身还可美化环境。人工湿地的净化机制主要是依靠基质的吸附交换、基质与表面附着微生物的协作、植物摄取、微生物的代谢作用等。

5.2.1 人工湿地分类

根据水在人工湿地内的流动状态不同,可以将湿地分为以下几种类型:表面流人工湿地处理系统、水平潜流人工湿地处理系统、波形潜流人工湿地处理系统、垂直流人工湿地处理系统、复合垂直流人工湿地处理系统。其中应用最为广泛的是表面流、水平潜流和垂直流人工湿地处理系统。

1) 表面流人工湿地

表面流人工湿地源于自然湿地,其水文体系、构造与自然湿地非常相似。废水在固体介质表面以上,暴露于大气中,以推流方式从湿地床体表面缓慢流过,形成一层地表水流,流至终端完成整个净化过程。表面流人工湿地水位较浅,水深一般为0.1~0.3 m,以不超过0.4 m为宜,污染物主要依靠挺水植物的茎、秆和床体表面的生物膜得以去除。表面流人工湿地类似于沼泽,其固体介质一般采用自然介质,如土壤,不需要砂砾等物质作填料。这一类型的湿地投资少、操作简便、运行费用低,但占地面积大,水力负荷低,净化能力有限。而且,由于废水暴露于床体表面,夏季容易滋生蚊蝇,产生不良气味,冬季容易结冻,致使处理效果差。表面流人工湿地在废水处理中应用较少,且多应用于二级或三级处理出水的后续深度处理。图5.4为表面流人工湿地系统示意图。

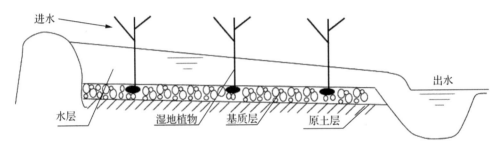

图5.4　表面流人工湿地系统示意图

2) 水平潜流人工湿地

水平潜流人工湿地是指废水在基质中流动时,液面位于基质层以下,从池体进水端沿水平方向流至出水端的人工湿地。湿地出水端与水位控制器连接,以控制、调节床内水位。相对于表面流人工湿地,水平潜流人工湿地的建设造价较高,因此,单个湿地系统的建设面积一般不会大于0.5 hm²。不过水平潜流人工湿地的水力负荷大,对污染物的去除效果好,且少有恶臭和蚊蝇滋生现象。由于液面位于基质层以下且床体表面可予以保温处理,水平潜流人工湿地可在一定程度上降低温度对处理效果的影响,其冬季运行效果较表面流人工湿地好,更适用于低温地区废水的处理。但水平潜流人工湿地应注意滤料的堵塞问题,尤其是在湿地进水区域会出现大量的固体悬浮物积累和微生物膜的过量繁殖,因此应进行必要的预处理以及合理搭配基质颗粒。图5.5为水平潜流人工湿地系统示意图。

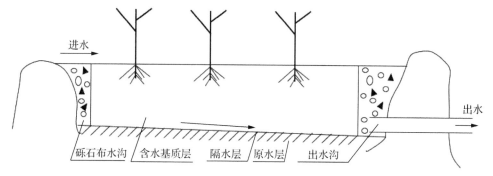

图 5.5　水平潜流人工湿地系统示意图

3）垂直流人工湿地

垂直流人工湿地是指废水在湿地表面均匀分布并向下自由垂直流动的人工湿地。垂直流人工湿地的床体大部分时间处于非饱和状态,氧通过大气扩散与植物根系传输进入湿地。该湿地系统的硝化能力高于水平潜流人工湿地,适于处理氨氮含量较高的废水,但其建设费用相对较高,而且容易发生堵塞。图 5.6 为垂直流人工湿地系统示意图。

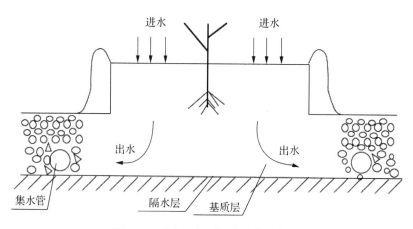

图 5.6　垂直流人工湿地系统示意图

5.2.2　人工湿地的处理效果

人工湿地可以同时去除废水中的 N、P、悬浮物及有机物,因此常用于处理厌氧消化液。研究表明,不同类型的人工湿地对废水中 TN 的去除率在 40％～

55％波动，TN 的去除负荷为 $250\sim630$ g/(m^2 • a)，即 $0.68\times10^{-3}\sim1.73\times10^{-3}$ kg/(m^2 • d)；对 TP 的去除率 $40\%\sim60\%$，TP 的去除负荷为 $45\sim75$ g/(m^2 • a)，即 $0.12\times10^{-3}\sim0.21\times10^{-3}$ kg /(m^2 • d)(Vymazal, 2007)。美国墨西哥湾项目(Gulf of Mexico Program, GMP)调查了 68 处共 135 个中试和生产规模的湿地处理系统，收集了大约 1 300 个运行数据，建立了湿地处理畜禽养殖废水的数据库(Knight et al. , 2000)。调查结果表明，处理养殖场粪污的人工湿地平均水力负荷为 4.7 cm/d[0.047 m^3/(m^2 • d)]，即处理 1 m^3 废水需要约 21 m^2 的人工湿地。

实际工程中一般将几种湿地组合使用。Borin 等(2013)报道了垂直流人工湿地与水平潜流人工湿地组合系统对意大利某猪场废水的净化作用，发现经过湿地组合系统的处理后，COD 中位数去除率为 79％，出水浓度降低至 235 mg/L，中位数去除负荷为 31.4×10^{-3} kg /(m^2 • d)；TN 中位数去除率为 64％，出水浓度为 240 mg/L，中位数去除负荷为 17.5×10^{-3} kg /(m^2 • d)。

不同类型及规模的人工湿地处理畜禽养殖废水或其厌氧消化液的效果各不相同。从去除效果考察，人工湿地组合工艺(VF＋HSF)比单独工艺(如 FWS、VF)处理效果好；水平潜流人工湿地(HSF)对 COD、TP、SS 的处理效果较好，垂直流人工湿地(VF)对 NH_4^+ - N 转化效果较好。但是表面流人工湿地(FWS)、水平潜流人工湿地(HSF)、垂直流人工湿地(VF)的脱氮效果都不太理想。不同的研究者得到的结果相差较大，与进水水质、温度、人工湿地填料类型及大小有关。表面流人工湿地单元的长宽比宜控制在 $3:1\sim5:1$，当区域受限，长宽比＞$10:1$ 时，需要计算死水曲线。表面流人工湿地的水深宜为 $0.3\sim0.5$ m，水力坡度宜小于 0.5%。水平潜流人工湿地单元的长宽比宜控制在 $3:1$ 以下；水平潜流人工湿地单元的面积宜小于 800 m^2，垂直流人工湿地单元的面积宜小于 1500 m^2。规则的潜流人工湿地单元的长度宜为 $20\sim50$ m，而对于不规则的潜流人工湿地单元，应考虑均匀布水和集水的问题。潜流人工湿地的水深宜为 $0.4\sim1.6$ m，水力坡度宜为 $0.5\%\sim1\%$。设计人工湿地时应当因地制宜，根据水力负荷、当地气候、土壤、接受水体的环境容量来具体思考。

5.3 土地渗滤处理系统

土地渗滤处理系统是一种利用土壤中的动物、微生物、植物以及土壤的物理、化学和生物化学特性净化污水的就地污水处理技术。污水经预处理(化粪池和水解池)后,输送至土壤渗滤场,在配水系统的控制下,均匀进入场底砾石渗滤沟,由土壤毛细管作用上升至植物根区,经土壤的物理、化学和微生物生化作用,以及植物吸收作用而得以净化。由于利用了土壤的自然净化能力,因此具有基建投资低、运转费用少、操作管理简便等优点。同时还能够利用污水中的水肥资源,将污水处理与绿化相结合,美化和改善区域生态环境。

土地渗滤处理系统有地表漫流渗滤处理系统、慢速渗滤处理系统、快速渗滤处理系统等。慢速渗滤处理系统是将污水投配到种有作物的土地表面,污水缓慢地在土地表面流动并向土壤中渗滤,一部分污水直接为作物所吸收,一部分则渗入土壤中,从而使污水得到净化的一种土地处理工艺。可采用表面布水和喷灌布水,由于污水在系统中停留时间长,表层土壤含有微生物的数量很大,水质净化效果非常好。快速渗滤处理系统是将污水有控制地投配到具有良好渗滤性能的土地表面,污水向下渗滤的过程中,在过滤、沉淀、氧化、还原以及生物氧化、硝化、反硝化等一系列物理、化学及生物的作用下得到净化处理的一种污水土地处理工艺。快速渗滤处理系统中污水是周期地向渗滤田灌水和休灌,使表层土壤处于淹水/干燥,即厌氧、好氧交替运行状态,在休灌期,表层土壤恢复好氧状态,在这里产生强力的好氧降解反应,被土壤层截留的有机物为微生物所分解,休灌期土壤层脱水干化有利于下一个灌水周期水的下渗和排除。在土壤层形成的厌氧、好氧交替的运行状态有利于氮、磷的去除。快速渗滤处理系统进一步发展形成目前应用较为广泛的砂滤池。砂滤池一般采用渗透性能较好又具有一定阳离子交换容量的天然河砂作为渗滤介质,将废水投配到池表面,废水在向下渗透的过程中经历不同的物理、化学和生物作用,最终达到净化水质的目的。作为土地处理系统的一种,砂滤池的水力负荷较高,占地面积减小,用于营建的场地条件容易满足,且出水可以通过集水管网回收利用,因此应用广泛。

Healy 等(2007)利用分层砂滤柱处理配制的高浓度奶牛场废水,在进水 COD、总悬浮固体(TSS)、TKN 负荷分别为 14×10^{-3} kg/($m^2 \cdot$ d)、3.7×10^{-3} kg /($m^2 \cdot$ d)、2.1×10^{-3} kg /($m^2 \cdot$ d)的条件下,砂滤池对废水 COD、TSS 的去除率分别达到99%以上,TN 去除率达到86%,砂滤池系统在水力负荷为 0.01 m^3/($m^2 \cdot$ d)时对污染物的去除效果最好。

5.4　本章小结

　　畜禽养殖废水经厌氧消化处理后的残留物主要由未消化的底物、微生物生物体和微生物代谢产物组成,富含植物生长的营养物质和一些生物活性物质,兼具有机废水和液体肥料的属性,较为理想的处理方法是将其作为肥料或还田利用。随着畜禽养殖的集约化和沼气工程的规模化发展,消化液的资源利用方式与规模也在进一步发展。传统的自然处理工艺如氧化塘、人工湿地和土地渗滤处理系统等在处理养殖废水上有较好的处理效果,并且运行管理简单,处理费用低廉。其中,由传统土地渗滤处理系统发展而来的砂滤池对养殖废水的处理效果最好,对废水中的氨氮去除效果最佳,适合小型养殖场厌氧消化液的处理。

6　畜禽养殖业废气的物理化学处理

目前市面上的畜禽养殖业污染处理相关书籍多关注于畜禽养殖业废水和固废的处理,关于废气的处理却少有提及。畜禽养殖过程中产生的废气,会对人体和畜禽的健康以及畜禽养殖产量的提升造成不利影响,不利于畜禽养殖业发展的规模化、现代化、绿色化。废气的物理化学处理是现今最通用最普及的简单实用处理方法。废气物理化学处理方法主要可分为吸附法、吸收法、化学氧化法、掩蔽法、稀释法和燃烧法等。

6.1　吸附吸收法

6.1.1　吸附法原理

吸附是指当流体与多孔固体接触时,流体中某一组分或多个组分在固体表面处产生积蓄的现象。吸附也指物质(主要是固体物质)表面吸住周围介质(液体或气体)中的分子或离子现象。固体称为吸附剂,被吸附的物质称为吸附质。

广义的吸附法是指利用多孔性的固体吸附剂将水样中的一种或数种组分吸附于表面,再用适宜溶剂、加热或吹气等方法将预测组分解吸,达到分离和富集的目的。在畜禽养殖场废气处理中,吸附法是指利用比表面积较大的多孔性强吸附材料(如碳质吸附剂、树脂类吸附剂等)将恶臭性气体吸附到这些材料表面和内部,其原理是使混合气体中的一种或几种成分与吸附剂相结合,从而除掉该种或几种气体成分,达到除臭的目的。

吸附法又可根据吸附材料的不同划分为以下两种。

(1)固体吸附法　含臭气的空气流过特定的固体吸附床,臭气化合物与固体粒状物质接触,从而把臭气化合物吸附在固体物质表面,起到净化空气的目的。活性炭是使用最广的除臭剂。活性炭对有机物质和无机物质都能有效地吸附,但其优先吸附有机化合物。

（2）添加吸附物质　把某些具有除臭效果的物质添加到畜禽粪便中，直接吸收臭气物质。现在最为常用的是添加天然沸石来吸附氨、硫化氢等有害气体，以改善大气质量。沸石还有吸附磷和钾的作用，以保持有机肥的肥效。国外于 20 世纪 60 年代后期开始运用这一技术对有机肥进行除臭、保氮，并取得了良好效果（秦翔，2019）。

吸附法是一种污染物转移的手段，具有成本低、操作简单的优势，但其不能从根本上去除污染物，吸附恶臭污染物后的材料的处理也有很大的困难。此外，吸附材料的吸附能力有限，吸附材料的置换和再生需要很高的费用。

6.1.2　天然沸石吸附在养殖环境治理中应用效果

天然沸石是一种含水的碱金属或碱土金属的铝硅酸盐矿物，结构为三维空间的架状构造的结晶多面体，存在大量均匀贯通的孔穴和孔道，因此天然沸石对气体或液体表现出很强的吸附能力。实践表明，沸石的吸附作用具有选择性和再生性特点，工业上利用沸石这种特性制成吸附剂或干燥剂，用于吸附分离某些气体和液体，特别是制成深度干燥剂，比硅胶和合成沸石还有效。

将天然沸石应用于饲养场畜禽粪便的治理，国外开始于 20 世纪 60 年代后期，日本、苏联、美国等国已将其广泛应用于生产实践，并取得了良好效果。1976 年，中国科学院地质研究所的科研人员在执行"沸石法海水提钾"的国家级研究项目中，曾指导浙江省的农民利用小于 40 目的沸石粉处理家畜粪便，在降低恶臭方面取得了较好效果，深受当地群众欢迎。20 世纪 80 年代初，叶大年、韩成等在北京市海淀区永丰鸡场、东升乡四道口鸡场的协助下，开展了利用沸石进行鸡舍除臭的模拟试验，初试效果明显。1981 年，黑龙江省牡丹江市饲料研究所的科研人员在鸡粪上覆盖 20%～30% 的沸石粉，达到了脱水干燥、抑制氨挥发的效果。1983 年，吉林农业大学等单位在鸡粪上覆盖 12% 的沸石粉，使鸡舍空气中的氨下降了 20%～37%，二氧化碳下降了 9%～20%。用天然沸石处理畜禽粪便，其原理归咎于沸石的吸附和离子交换性能。它可以吸附氨、硫化氢等有害气体，降低空气中有害气体的含量，改善舍内及养殖场区周围的大气质量。沸石不仅可以抑制粪便中氨的挥发，以固态形式把氨氮保留下来，而且还能吸附磷和钾，故可保持肥效，利于作物增产。

韩成等（1998）将沸石法与好氧细菌发酵技术嫁接，创造出了一种新型的畜禽

粪便治理工艺。试验是在昌平区南邵镇立新鸡场进行的,试验开始时间为 1999 年 6 月,具体操作如下:

①收集新鲜鸡粪 1.0 m³,粪便表面撒一层沸石粉(65 kg);

②将 30 kg 发酵菌种与 65 kg 谷糠混匀;

③将拌有谷糠的发酵菌种撒在鸡粪上面,人工翻腾三遍,混合均匀堆放发酵;

④每日下午 2:00~3:00 之间测量粪体温度,然后翻腾一次。

通过观察发现,发酵效果很好。韩成等认为沸石在该工艺中可起到如下作用:由于沸石的吸附性能,减少氨的挥发,保持了一定的肥效,还降低了粪便所散发出的恶臭,改善了操作人员的劳动环境;降低了粪便的黏度,使物料易于混合均匀;掺有沸石的有机肥施入土壤,有利于土壤改良,可提高土壤保肥、供肥、保墒的能力。

6.1.3 吸收法

吸收法是根据恶臭污染物的化学性质,利用吸收液(如水、碱性吸收液、酸性吸收液、各类有机溶剂等)将恶臭性物质溶解在其中,达到去除恶臭性污染的目的。一般是在特殊设计的吸收塔中,通过溶解、化学反应产生不溶解的物质、氧化等过程,除去空气中的臭气化合物。水、高锰酸钾、次氯酸钠或氢氧化钠以及各种酸等,都是最常用的除臭溶剂。因此吸收法又可分为水洗法和药液处理法。

然而这种方法只能针对单一化学性质的恶臭性物质,并且运行成本高,后续对吸收污染物的吸收液的处理也存在着技术困难。

6.2 化学氧化法

6.2.1 化学氧化法原理

氧化法是利用氧化剂(如臭氧等)的强氧化性,将恶臭性气体中的大部分有害物质完全氧化为无害的气体的方法。用洗涤法除臭时,在洗涤液中加入化学氧化剂,或让臭气通过固体氧化床,当臭气化合物与氧化剂接触时,可把臭气化合物氧化从而消除臭味。在养殖场的除臭技术中,也有将臭气污染的空气与具有氧化性的气体如 O_3 直接混合,使臭气化合物氧化,从而实现臭气去除的目的。

畜禽养殖场常规的杀菌消毒技术存在消毒不彻底、留有死角等局限性,而臭氧消毒技术恰好可解决以上这些问题,在有效杀灭舍内的病原微生物的同时,降低舍

内 NH_3 浓度和粉尘浓度,是实现健康养殖环境的有效途径。臭氧除臭原理是应用臭氧的强氧化性将畜禽养殖中产生的氨气和 H_2S 等有毒有害气体氧化成无臭无害的 CO_2 和 H_2O 等气体。

6.2.2　臭氧氧化机制

臭氧的氧化性很高,在碱性环境中,O_3 的氧化还原电位($E_0=1.24$ eV),略低于氯($E_0=1.36$ eV);酸性环境中,O_3 的氧化还原电位($E_0=2.07$ eV)仅次于氟($E_0=2.87$ eV)。O_3 降解有机物主要有两种途径:(1) O_3 分子直接氧化有机物,有机物中的 C=C、C≡N、N≡N 以及芳香族和氨基等容易被 O_3 分子氧化,但具有明显的选择性;(2) O_3 分解产生的·OH 间接和有机物发生反应,无选择性。

O_3 的反应活性取决于它的分子结构:O_3 分子具有 4 种共振结构(图 6.1),从图中的 O_3 分子共振杂化模型可以看出,1 个 O_3 分子由 3 个 O 原子构成。每个 O 原子绕核电子有如下结构:$1s^2 2s^2 2p_x^2 2p_y^1 2p_z^1$,即 O_3 有 2 个不成对电子,每个占 1 个 2p 轨道。为使 3 个 O 原子结合成为 O_3 分子,中心的 O 原子通过价键中的 1 个 2s 和 2 个 2p 原子轨道杂化进行重排,形成了 sp^2 杂化平面。这种重排方式使得 3 个 sp^2 杂化轨道形成了以 1 个 O 原子为中心的等腰三角形结构。O_3 的某些共振结构中,位于一端的氧原子缺少电子,从而使 O_3 分子具有亲电特性;相反,另外一些具有多余电子的氧原子则呈现出亲核特性,导致 O_3 成为一种具有非常活泼反应活性的物质,可作为偶极子、亲电试剂和亲核试剂反应。

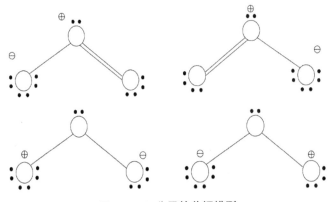

图 6.1　O_3 分子的共振模型

6.2.3 臭氧氧化在畜禽养殖环境中的运用效果

蒲施桦等(2017)探讨臭氧技术对畜禽环境净化效果,采用臭氧消毒机对猪舍内空气污染物净化。实验监测猪舍选在重庆市种猪场一栋育肥猪舍内,猪场内平均温度为 29.1 ℃,平均湿度为 87.8%,风速为 0.1 m/s,大气压强为 96.5 kPa。在猪舍的走廊位置等距离设置了 3 个气体采样点 B_1、B_2、B_3,同时在圈栏内等距离设置了气载微生物的采样点,在猪舍清粪前进行样品采集工作,每天 6:30、14:00、18:00 定时采集样品,每次采集使用臭氧消毒机前(0 min)和使用消毒 20 min、40 min 后的猪舍内 NH_3、总悬浮颗粒物(TSP)、空气菌落样品,然后 NH_3 采用次氯酸钠-水杨酸分光光度法(HJ534—2009)检测分析。研究结果表明,在臭氧浓度 $0.77 \times 10^{-3} \sim 3.10 \times 10^{-3}$ mg/L 范围内,消毒时间持续 40 min,空气中的微生物、TSP 和 NH_3,分别降低了 31.9%、53.7% 和 52.9%。且得出结论,臭氧消毒机在 $0.77 \times 10^{-3} \sim 3.10 \times 10^{-3}$ mg/L 的浓度下作用 40 min/d,能去除 30% 以上的空气污染物浓度,降解效果至少持续 4 d 以上,且相对稳定。

周光明等(2012)采用对比法研究臭氧对鸡舍氨气降解的影响。将 200 只肉仔鸡随机平均分为 A、B 两组,分别置于大小均为 3 m×5 m×3 m 动物房中饲养。A组鸡舍放置 F-450 臭氧发生器一台,打开 30 min,关闭 30 min;B组未放置臭氧发生器,两组其他条件均相同。结果表明,A 组鸡舍内氨气浓度较 B 组降低了 28.2% 以上,且氨气降解率随鸡舍日龄的增长出现下降趋势。

6.2.4 光催化臭氧氧化畜禽养殖废气的发展前景

由上述可以看到,单独使用臭氧氧化还不太充分,效果还不够好。目前研究发展中,光催化臭氧氧化是一种比较有前景的方向。光催化臭氧氧化是在投加臭氧的同时辅以紫外光照射和催化剂,这一方法不是利用臭氧直接与有机物反应,而是利用臭氧在紫外线的照射下和催化剂作用下分解的活泼的次生氧化剂来氧化有机物。

赵忠等(2016)通过实验研究比较 3 种光化学方法,即光催化臭氧氧化(TiO_2/UV/O_3)、紫外氧化(UV/O_3)与光催化(TiO_2/UV)对恶臭气体中的主要气体氨气与硫化氢的降解效果,并考察 TiO_2/UV/O_3 降解氨气与硫化氢的影响因素。实验数据显示 TiO_2/UV/O_3、UV/O_3 与 TiO_2/UV 等 3 种方法对氨气和硫化氢有显著的降解作用,在 3 s 反应时间内对氨气的去除率分别为:74.87%、52.41%、

60.21%,对硫化氢的去除率分别为:70.87%、51.05%、61.48%。$TiO_2/UV/O_3$对氨气和硫化氢的去除率远高于UV/O_3与TiO_2/UV,实验结果说明臭氧与光催化有明显的协同作用,能显著提高光催化的处理效率。同时赵忠等提出氨气与硫化氢的初始浓度、臭氧浓度、停留时间等都是降解氨气与硫化氢的影响因素。

6.3 掩蔽法和稀释法

除上述除臭法外,还有掩蔽法和稀释法。掩蔽法就是释放掩蔽剂到恶臭环境中去,使其与恶臭性气体混合,进而降低或者消除恶臭性气体影响的一种方法。由于掩蔽剂的成本高,只适用不能采用其他除臭方法的场合(如办公室、宿舍等)。掩蔽法无法从根本上去除恶臭性污染物,因此该方法具有很大局限性。

稀释法就是利用干净的空气对畜禽养殖产生的恶臭性气体进行稀释。这种方法可以有效地减轻畜禽养殖场内的恶臭,因此该方法被广泛应用于我国畜禽养殖场,使得排放的恶臭性气体达到国家标准。然而这种方法无法从根本上去除恶臭气体,甚至污染物扩散到更大的范围,对大气环境造成了严重的破坏。

关于这两种方法处理后的气体,应满足《恶臭污染物排放标准》(GB 14554—1993)(表 6.1)。

表 6.1 部分臭气排放标准值

控制项目	排气筒高度(m)	排放量(kg/h)	控制项目	排气筒高度(m)	排放量(kg/h)
	15	4.9		15	0.33
	20	8.7		20	0.58
	25	14		25	0.90
氨	30	20	硫化氢	30	1.3
	35	27		35	1.8
	40	35		40	2.3
	60	75		60	5.2

资料来源:《恶臭污染物排放标准》(GB 14554—1993)。

6.4 本章小结

综上所述,本章所讲各种方法各有其优劣点。吸附法可消除低浓度臭气,使用办法就是直接在畜禽养殖场投放材料,方便快捷,且成本相对较低,适用于中小规模的养殖场;吸收法适用于消除易溶于水的臭气物质,但药品费用相对较高;臭氧氧化法最适于含硫臭气成分多的场合,其中光催化臭氧氧化技术处理效果较好,是目前的一个发展方向;掩蔽法和稀释法使用简单,适宜于低浓度臭气,但治标不治本;燃烧法效率高,高臭气浓度下有利。表6.2具体列出各除臭方法,便于读者阅读和参考。

表6.2 畜禽养殖和粪尿处理中常用的除臭方法及其特点

方法	原理	特点	问题点
①吸收法	利用水、酸、碱物质与臭气成分发生化学反应	适宜于脂肪酸类、胺类等在水中能溶解的臭气成分	药品费用高并要求有相应的废液处理对策
②燃烧法	臭气成分在 $700\sim800$ Pa 下分解	效率高,高臭气浓度下有利	耗能多,运转费用高
③吸附法	利用天然沸石、活性炭、腐殖质土等将臭气吸附	适宜于消除低浓度臭气	使用一定时间后效果消失
④空气稀释法	利用大量新鲜空气稀释臭气成分直到闻不到臭味为止	适宜于低浓度臭气	难以达到排放标准
⑤掩蔽法	利用芳香物质掩蔽臭气味	适宜于低浓度臭气	需要使用大量芳香物质
⑥臭氧氧化法	利用臭氧的强氧化性分解臭气	最适于含硫臭气成分多的场合	费用高,残余臭气损害人的呼吸系统

7 畜禽养殖业废气的生物处理

近几十年来,由于生物法处理恶臭气体的高效性和经济性等优势而得到了很多学者的广泛关注。生物法去除氨气、硫化氢和 VOCs 等恶臭性气体具有高效、成本低和节能的特点。有研究表明,在一定条件下,生物氧化硫的速率是化学氧化速率的 $75 \sim 100$ 倍,而生物吸收成本只有化学吸收成本的 40% 左右。生物处理恶臭性气体是彻底降解成无害物质而不是把这些恶臭性气体转移到其他相中,因此近年来生物法处理畜禽养殖产生的恶臭气体得到环境保护工作者的青睐。

恶臭性气体处理技术以日本、荷兰、美国最为先进,生物法的原理是微生物利用恶臭性污染作为能量进行生长繁殖,同时把这些恶臭性物质最终降解为 CO_2、水、硫酸盐、硝酸盐、卤化物等二次污染小并且稳定的物质(图 7.1)。经过国内外数十年的研究,生物除臭技术得到了迅猛的发展,目前可以将这些生物技术分为传统生物除臭技术和新型生物除臭技术。传统生物脱除恶臭性气体的技术主要包括生物过滤法和生物吸收法,其主要区别在于微生物附着的形态不同。生物过滤法主要包括生物滤池法和生物滴滤法;生物吸收法主要是活性污泥曝气法。新型生

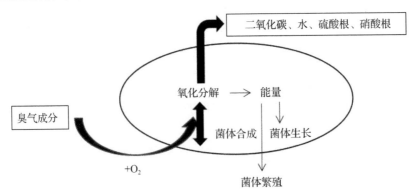

图 7.1　微生物除臭的基本原理

物脱除恶臭性气体的技术主要包括生物活性炭法和复合式生物反应器法。生物法要结合相应的反应器和恶臭气体的来源、特点、参数才能发挥最高的效率,传统生物反应器有生物滴滤塔、生物过滤器、活性污泥曝气池等,新型生物反应器主要是复合式生物反应器。

7.1 生物滤池法

7.1.1 生物滤池法原理

1)特征

生物滤池法是一种利用固定滤料上的微生物处理恶臭气体的方法,其基本原理是将废气从底部通入生物过滤器,附着在填料上的异养型细菌将废气中的有机碳氧化为二氧化碳和水,同时自养细菌利用产生的二氧化碳作为碳源固定,并且通过氧化废气中的氨和硫化氢生成亚硝酸根、硝酸根和硫酸根离子获得能量,达到净化废气的目的。生物滤池法具有结构简单、低成本、可以处理气液比较高的废气等优点。

一般来说,是以淬石、焦炭、矿渣或人工滤料等作为先填层,然后将污水以点滴状喷洒在上面,并充分供给氧气和营养,此时在滤材表面生成一层凝胶状生物膜(细菌类、原生动物、藻类等),当废气流过此膜时,废气中的可溶性、胶性和悬浮性物质吸附在生物膜上而被微生物氧化分解(图 7.2)。

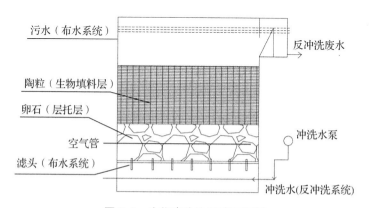

图 7.2 生物滤池法系统示意图

生物滤池工艺根据用途的不同可选择土壤、堆肥和泥炭等不同天然有机物作为滤料,滤料可为微生物的生长提供必需的营养元素,恶臭气体提供了微生物生长的碳源。目前,生物滤池主要用于去除气液分配比小于1.0的恶臭性组分。生物滤池具有结构简单、成本低、运行费用低的优点。

2) 研究现状

屈艳芬等(2005)采用生物滤池法对某污水处理厂沉砂池进行除臭实验。滤料由混合肥料、聚苯乙烯胶球体、活性炭、沸石、有机物和复合除臭微生物混合而成。工艺的设计参数如下:滤料高度1.5 m、滤料体积55 m^3、处理气体流量3.3 m^3/s、环境温度0~40 ℃、自来水淋洗量0.2 m^3/h、臭气中H_2S的初始浓度8 mg/L,NH_3的浓度为2.21~5.68 mg/L。结果显示,经生物滤池处理后,H_2S的浓度在0.03~0.97 mg/L间,去除率均达80%以上;处理后NH_3浓度的最高值仅为0.46 mg/L,低于二级厂界排放标准。

3) 缺点

生物滤池法不仅对单一废气如氨气、硫化氢有显著的去除作用,而且对混合废气也有很好的去除效率。但是因为生物过滤器通常采用的土壤、堆肥和泥炭等天然有机物,所以容易出现滤料腐败和堵塞的问题,进而影响处理效果。使用过程中必须不断地更换滤料,运行维护费用增加。

除了上述不足之外,在生物滤池处理废气的过程中,由于氨气和硫化氢绝大部分被氧化成亚硝酸根、硝酸根和硫酸根离子,而一般条件下亚硝酸根、硝酸根离子只有很少数被还原成氨气,大部分硫酸根离子也无法被微生物利用,因此这些物质会在填料中不断积累,使得填料酸化造成二次污染。

7.1.2　土壤除臭法

1) 原理

土壤除臭法是将臭气直接通入土壤,臭气成分先被土壤颗粒吸附或溶解于土壤水溶液中,然后在土壤微生物的作用下分解转化,最终达到消除臭气的目的。这种方法在生物除臭法中应用最早,因为管理和使用简便、不需要添加任何微生物和其他辅助性材料,至今在国外尤其是在日本和欧洲应用仍相当广泛。适合于该方法的土壤要求具有质地疏松、富含有机质、通气性和保水性能强等特点,符合这些条件的土壤主要有火山灰土和腐殖质土(如森林表层土)。在无法得到上述土壤的情况下,也可以进行人工配制。例如,可以利用一些富含有机质的表层土壤与一些有机材料如堆肥等按一定比例混合制成。

2) 构造

土壤除臭装置构造示意图、土壤槽断面示意图分别见图 7.3 和图 7.4。由送风机将臭气送入土壤槽下部的主通风道,然后由支通风道分散到土壤槽底部的各部分,由支通风道出来的臭气通过较大石块的空隙依次进入砂层(或碎石层)和土壤层,并逐渐扩散开来被土壤颗粒吸附,最终被土壤中微生物分解转化。土壤除臭装置中,除臭用的土壤层一般在 0.5 m 左右(最初土壤层厚度在 0.6 m 左右,一段时间后逐渐压实到 0.5 m 左右),设计除臭能力一般以通入空气中的 NH_3(在此以 NH_3 计)平均含量在 0.2 kg/m³ 以下为宜。土壤下部通气静止压力最好在 2 000~3 500 Pa,如果通风速度过高就会引起土壤颗粒发生震动而导致土壤压实,致使通气阻抗力增加并降低除臭效果。通入的 NH_3,如果超过了土壤微生物每日能作用的量,除臭效果就会降低。另外,通入的空气温度不能超过 40 ℃,长时间通入高温气体不但会快速降低土壤水分、破坏土壤结构,而且会使土壤微生物失活或死亡。相反,如果通入气体温度低于 10 ℃,也会降低微生物的除臭能力。为了防风、防雨,整个土壤除臭装置应设置在塑料大棚内,冬季也可以起到保温的效果。

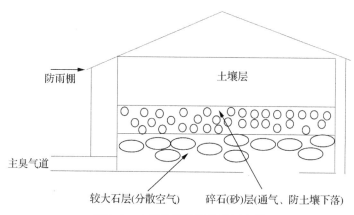

图 7.3 土壤除臭装置构造示意图

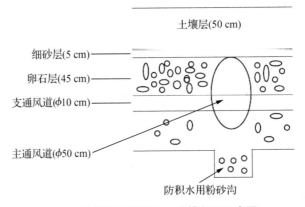

图 7.4　土壤除臭装置的土壤槽断面示意图

　　这种除臭方法最大的缺点是占用土地面积大,因此在土地面积狭小的养殖场或畜禽粪便处理场不宜采用。该装置使用一定时间后还需要进行人工疏松以利于空气流通。此外,在温暖季节土壤表层容易生长杂草,因为根系的生长也会影响土壤的通气性,所以最好及时除去。当然,在不影响通气的情况下也可以种植少量花草美化环境。

7.1.3　泥炭除臭法

　　泥炭土(或草甸土)具有富含纤维质物质、质地疏松、通气性好、特别适合于微生物活动与繁殖等特点,这种方法在欧洲被广泛用于养殖场畜舍的换气除臭。但是,由于这些材料本身属有机性易分解材料,长时间使用后会因材料本身的分解而变得通气不良,因此使用一段时间应及时更换。泥炭因产地不同其种类、性质、保水性等也都不同,所以在选择使用这种材料时应注意。

7.2　生物滴滤池

7.2.1　生物滴滤池原理

　　1) 生物滴滤池特征

　　典型的生物滴滤池见图 7.5(杨凯雄 等,2016),气体从生物滴滤池的下端进入,先被包围在生物膜周围的水膜吸收,然后在生物膜中进行生物降解,净化后的气体从上口排出。上端的喷头持续喷淋营养液,保证生物滴滤池的填料处于湿润状态。生物滴滤池常采用塑料环、泡沫材料、沸石、陶粒、活性炭、火山岩等合成或天然的惰性材料为填料,填料只是为微生物生长提供载体(陈子平,2012)。

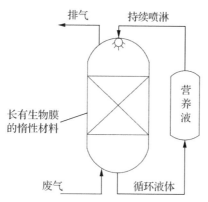

图 7.5　生物滴滤池系统装置示意图

生物滴滤池不同于生物滤池,它要求水流连续地通过有孔的填料,这样可以有效地防止填料干燥,精确地控制营养物浓度与 pH。另外,因为生物滴滤池底部要建有水池来实现水的循环运行,所以总体积比生物滤池大。这就意味着:将有大量的污染物质溶解于液相中,从而提高了去除率。该理论有如下解释:在一种化合物的气相浓度 C_g 中,当高于该化合物确定的临界浓度时,生物膜会饱和且污染物的去除仅受生物活性的影响,在这些条件下,该模型预测在滤池中污染物的浓度为线性减少;在生物膜气相浓度小于临界浓度时,气体的扩散会限制化合物的去除,生物膜不再完全饱和,而且去除效率随着出气中污染物浓度的减少而减少。因此,生物滴滤池的反应器的尺寸可以比生物滤池的小。

生物滴滤池的原理和生物滤池基本相似,区别在于生物滴滤池增加了喷淋装置,利用喷淋的营养液为微生物提供营养元素,而且采用的滤料也不相同。通常使用的滤料有陶瓷、塑料、活性炭、硅藻土等,与生物滤池相比生物滴滤池可以有效避免填料的酸化,但是由于气液传质的问题,气体到液相的效率低于生物滤池,这也是影响其反应速率的重要因素。较低的传质效率使得气体停留时间增加,所以气体可能需要循环处理。因此,生物滴滤池对于气液比小于 0.1 的气体仍有很高的处理效率。

2) 研究进展

为了提高生物滴滤池对水溶性较低的物质的去除率,许多学者在不同方向上做了较多研究。总结如下:(1) 外加氧化性物质,如通过外加臭氧提高污染物去除率(周卿伟,2013);(2) 提高循环液的溶解性,通过向循环液中添加特殊的有机物提高疏水性气体的溶解性,比如硅油(Chen et al.,2016;San-Valero et al.,2017),或者添加表面活性剂来提高去除率(张长平 等,2016);(3) 填料,填料的种类和堆放形式也会对污染物去除率产生影响(陈益清 等,2016);(4) 微生物,具有丝状结构的真菌和细菌相比对疏水性物质的去除率会更好,通过外加磁场或者接种特定真菌的方法让真菌处于优势地位(Quan et al.,2018;Vergara-Fernandez et al.,2018)。

3) 缺点

生物滴滤池对于高浓度硫化氢、低浓度氨气和 VOCs 有非常好的处理效果。填料选取与挂膜的微生物种类、进气种类有关。制约生物滴滤池处理效率的因素主要有气体停留时间、营养液流速。气体停留时间主要影响废气与生物膜传质效率,而营养液主要影响生物滴滤池内微生物的活跃区域的范围,进而影响生物滴滤塔的处理效率。除了上述总结的不足之外,利用生物滴滤池处理废气的过程中,由于氨气和硫化氢绝大部分被氧化成亚硝酸根、硝酸根和硫酸根离子,而一般条件下亚硝酸根、硝酸根离子只有很少数被还原成氮气,大部分硫酸根离子也无法被微生物利用,所以这些离子绝大部分会积累到反应器的营养液中,这些废液不妥善处理会造成环境的二次污染。

7.2.2 珍珠岩棉除臭法

1) 原理与构造

在农业生产中珍珠岩棉通常作为营养液栽培的基质被广泛使用,这种材料在含水量适当时通气性良好。向这些材料中混入有机物质、微生物和硝态 N 源等可以制成高活性的除臭材料。该方法的除臭原理与土壤除臭法相同,除臭能力与土壤除臭能力相当或优于土壤除臭法,以除氨为例其原理见图 7.6。

由于该材料蓬松、密度小(400 kg/m³左右),通气阻力只有土壤的 1/5~1/3,使用该材料制作的除臭装置充填高度可以为土壤的 3~5 倍,充填高度可在 2~2.5 m。因此,除臭装置占地面积相对较小。但是,因为该材料保水能力差而容易失水,在使用该材料制作脱臭装置时上部应配有散水管道,散水量一般在每天 0.02 m³/m³ 左右为宜。装置的下部构造与土壤除臭槽相同。在寒冷地区,为了保温可以建成半地下式的,在空气出口处再设置防风网以防止外界寒风进入除臭槽,除臭装置示意图见图7.7。珍珠岩棉材料与土壤相比保水性较差,因此需要每天补充水分。但是如果补充的水分多于散失水分量时,易造成除臭槽下部积水。因此,在建设除臭装置时要留有积水池。由于积水中含有较多的N素,因此可以将这些积水取出后散布于除臭材料表面,以补充微生物活动所需的N素营养。

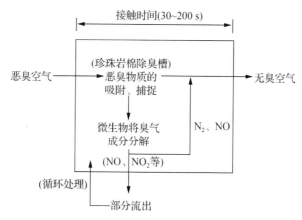

图7.6 珍珠岩棉除臭法的原理(除氨)

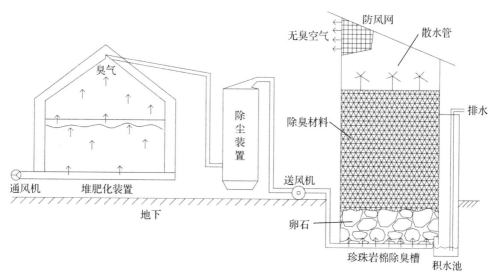

图7.7 半地下式珍珠岩棉除臭装置示意图

2) 装置的保养与管理

在珍珠岩棉除臭装置中,可以采用循环水方式给除臭槽补充水分,但补给水分时注意不要将尘土、泥沙等带入除臭槽,否则容易造成材料孔隙的堵塞。冬季为了防止除臭槽内温度过低,要注意管道及除臭槽的保温。另外,长时间使用后,在除臭材料表面易生长杂草和藻类,造成材料表面结块影响通气性。因此要定时检查并对表面进行疏松处理。

3) 使用上的注意点

珍珠岩棉材料属于无机材料,吸附性能差,因此材料本身的除臭能力很小。在利用这种材料进行除臭时,必须混入一定量的有机物质并进行微生物接种才能起到除臭的效果。在冬季,保持通入温度较高的空气微生物才能具有较强的活性,所以冬季应有保温措施。

7.3　生物吸收法(活性污泥法)

如前文所述,活性污泥法中发挥作用的主体是活性污泥,活性污泥是由下列 4 部分物质所组成:①具有代谢功能活性的微生物群体;②微生物内源代谢、自身氧化的菌体残留物;③夹杂于活性污泥上的难为微生物降解的惰性有机物质;④夹杂于活性污泥上的无机物质。

活性污泥法的基本原理是废气中的污染物转移到活性污泥中,依靠活性污泥中的微生物降解这些污染物,使其成为二氧化碳、水和无机盐。根据气液接触的方式不同,又可以分为活性污泥曝气法和活性污泥洗涤法。活性污泥曝气法是将废气代替空气对活性污泥进行曝气,然后利用活性污泥的吸附和降解作用,去除废气中的污染物。活性污泥洗涤法是通过洗涤塔将废气溶解到活性污泥混合液中,进而使污染物降解。与生物滤池废气处理系统相比,用活性污泥作为废气处理的手段具有其自身的优势。除臭效果主要取决于臭气成分与污水、污泥的接触状况,臭气成分在污泥中分散度越好、接触时间越长,除臭效果就越好。由于受活性污泥曝气池的限制,这种方法只适合于有污水处理设备的场所使用,如污水处理场或大型养猪场等。作为未来的关注的方向之一,活性污泥曝气法和活性污泥洗涤法可以作为生物过滤器、生物滴滤池、生物洗涤器的一种代替技术。

7.4 生物处理技术发展方向

7.4.1 生物活性炭废气净化技术

生物活性炭是在20世纪70年代第一次被发现,Parkhus等人发现活性炭上可以附着生长大量的微生物,Miller和Rice在1978年提出了生物活性炭的术语。生物活性炭最早用于废水的深度处理,近年来,许多学者也尝试用于废气处理的研究中,同样也取得了良好的效果。此外,有研究还发现微生物不仅容易附着在活性炭上生长,而且延长了活性炭的使用寿命(李倩,2012)。活性炭对低浓度的硫化氢的去除率达到了98%以上(何凤友 等,2005);将生物活性炭和活性炭对不同浓度的硫化氢去除效果进行比较时,结果表明浓度在42 mg/L以下的硫化氢可以完全去除(Duan et al.,2006)。有研究结果表明利用废弃活性炭作为生物滴滤池的填料来处理氨气和硫化氢,发现去除率和降解率都达到了很高的水平(Duan et al.,2006);在研究生物活性炭滴滤池去除氨气和硫化氢的实验中,结果表明硫化氢的去除率一直稳定在100%,而氨气的去除率在96%以上;此外,还有人比较了不同生物活性炭对可溶性有机碳(DOC)降解的影响,结果表明生物活性炭对DOC有一定的降解能力(Jiang et al.,2010);有研究利用生物活性炭处理养殖场中的氨气和硫化氢,气体空速在 5.5×10^{-5} m³/s 和 6.94×10^{-5} m³/s条件下,氮和硫的转化率都达到了98%(Chung et al.,2005)。上述研究表明,生物活性炭法可以作为一种用于处理低浓度恶臭气体的方法,虽然目前实际应用不是很广泛,但是针对畜禽废气中恶臭组分浓度低、气量大的特点,利用生物活性炭和生物滴滤池结合方法处理畜禽养殖废气可以作为一种新型的处理工艺。

7.4.2 复合式生物反应器废气处理技术

针对废气的复杂成分和理化性质的不同,提高废气处理的综合效率非常重要。复合式生物反应器应运而生,复合式生物反应器的设计呈多样化特点,一般根据处理废气组分的理化特性制定。目前研究中常见的复合式反应器的类型主要包括反应器内部结构复合式反应器、不同生物反应器直接的串联式反应器、细菌真菌两段式生物反应器等。相比传统生物反应器,复合式生物反应器处理效率更高。

林坚(2015)在研究复合式反应器处理硫化氢废气时发现,在反应器内部的悬浮式生物区和固定式生物反应区的共同作用区的处理效果,比单个处理区的效果好。於建明等(2008)用串联式生物过滤器和生物滴滤池的方法去除制药厂废气中的高浓度硫化氢和 VOCs,硫化氢和 VOCs 的平均去除率达到了 97.7% 和81.3%。在第二章中提及畜禽养殖场中主要的臭气就是硫化氢和氨气,这项技术研究为我们处理硫化氢提供了帮助。

7.5　本章小结

综上所述,用于除臭的方法有很多种,但生物除臭方法投资少、运行成本低、技术简单、便于推广,因此比较适合我国大中型养殖场。值得注意的是,该方法是基于微生物的活动来分解转化臭气成分,如果送入除臭装置中的臭气量或浓度超过了微生物的分解能力范围,将会使微生物失去活性甚至死亡,达不到除臭效果。在实际运用中应首先采取措施降低臭气的产生,然后选择合适的除臭载体材料,再以生物法除臭才能达到最理想的效果。

8 畜禽养殖业固体废弃物的物理化学处理

本书所讲畜禽养殖业的固体废弃物主要指畜禽粪便。畜禽粪便是养殖场对环境污染的主要污染源,畜禽粪便的正确处理对于建设现代化、绿色化养殖场具有重大意义。本章先介绍畜禽养殖场中畜禽粪便的收集技术,然后介绍废弃物处理的物化方法。目前国内利用物理化学方法处理粪便固废的较少,本章总结了粪便的收集技术和干燥技术,此外还有比较少用的填埋法,本章中不作赘述,有兴趣的读者可以自己了解。

8.1 畜禽粪便的收集处理

畜禽养殖场粪便的收集方式(清粪方式)涉及用水、人工等资源消耗,与粪污处理密切相关,对整个养殖场的环境卫生、生产水平与污染控制具有重要战略意义。以猪场、羊场等为例,目前主要粪便的收集方式有干清粪、水冲粪和水泡粪三种。每种方式各有其优缺点,适用于不同资源和环境条件的猪场。

8.1.1 猪场粪污收集技术

1) 干清粪

干清粪是粪便一经产生便通过机械或人工收集、清除,尿液、残余粪便及冲洗水则从排污道排出。通过干清粪及时、有效地清除猪舍内的粪便与尿液,可达到以下目的:一是防止固体粪便与尿液、污水混合以及有机物分解,保持猪舍内环境卫生;二是保留固体粪便的营养物,提高有机肥肥效,有利于粪污的利用;三是减少粪污清理过程中的用水、用电,简化粪污处理工艺及设备,降低后续粪尿处理的成本。干清粪工艺分为人工干清粪和机械干清粪两种。

(1) 人工干清粪

人工干清粪的猪舍有多种形式,可将猪栏地面(含网床下地面)向饮水排粪区的漏缝地板(板缝比宜为(8～10):1)做成斜度3%的坡,猪栏外设宽0.3 m的清粪沟,清粪沟与纵墙之间设宽0.6～0.7 m的清粪道。猪在漏缝地板处饮水、排泄,污水、尿液直接流入漏缝地板下的污水沟。粪便留在漏缝地板上,每天数次将粪便清入栏外清粪沟,并立即用锹推入纵墙外带盖的集粪池中。专职清粪工将集粪池的粪及时推至猪场围墙出粪口,倒入墙外的粪车。猪粪处理场每天定时用运粪车拉来空斗、拉回粪斗,做到清粪过程饲养员不出猪舍、清粪工不进猪舍、处理场粪车不进猪场生产区,杜绝粪道造成的疫病传播(王新谋 等,2007)。人工干清粪具有以下优点:一是设备简单,只需要一些清扫工具、人工清粪车等,不用电力,并且投资少;二是收集的固态粪便含水量低,粪中营养成分损失小,肥料价值高,便于高温堆肥或进行其他方式的处理利用;三是节约冲洗水,产生的污水量少,且污水中的污染物含量低,易于净化处理。其缺点是劳动强度大,劳动生产率低,需要大量的劳动力资源,在劳动力资源比较缺乏的地区,干清粪方式将难以持续。

(2) 机械干清粪

机械干清粪主要采用刮板式清粪系统,该系统是在猪舍土建施工中做出 V 形地沟和预埋割缝 O 形管,通过与 V 形地沟相配合的刮板将粪沟内的粪便刮出猪舍,再通过集粪刮板和集粪绞龙将粪便输出,送到接粪车和接粪池中。尿液则通过割缝 O 形管流出猪舍,收集后进入下一级废水处理系统(图 8.1)。机械干清粪可在猪舍实现固液直接分离,猪舍排泄物每天清理。刮板式清粪方式耗电量较大,拖拉刮板的钢丝绳易被腐蚀损坏,且机械部件不易调节,清理效果和耐久性较差。机械干清粪的优点包括:可减轻劳动强度,节约劳动力,提高工作效率。缺点是投资较大,设备故障发生率较高,维修困难,运行费用较高(张庆东等,2013)。

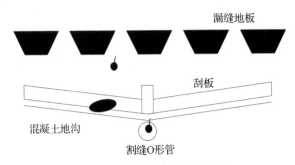

图 8.1 刮板式清粪系统示意图

干清粪的优点就是人工清粪只需用一些清扫工具、人工清粪车等。设备简单,不用电力,一次性投资少,还可以做到粪尿分离,便于后面的粪尿处理。机械清粪可以减轻劳动强度,节约劳动力,提高工效。缺点是人工清粪劳动量大,生产率低。机械清粪包括铲式清粪和刮板清粪,一次性投资较大,故障发生率较高,维护费用及运行费用较高。

　　2)水冲粪

　　水冲粪就是将畜禽排放的粪、尿和污水混合引入粪沟,每天放水冲洗数次,粪水顺粪沟流入主干沟后排出。不同畜禽养殖场采用的水冲粪方法不尽相同。可将部分养殖场地面做成漏缝地板,粪尿污水混合进入缝隙地板下的粪沟,在畜禽场粪沟的一端设冲水器,定时或不定时向沟内放水,利用水流的冲力将落入粪沟中的粪尿冲至主干沟,进入地下储粪池或用泵抽吸到地面储粪池(图 8.2)。水冲粪工艺是 20 世纪 80 年代从国外引进规模化养猪技术和管理方法时采用的主要清粪工艺。水冲粪的特点在于:能及时、有效地清除猪舍内的粪尿,保持养殖场环境卫生,有利于畜禽和饲养人员的健康;减少粪污清理过程中的劳动力投入,提高养殖场自动化管理水平,在劳动力缺乏的地区较为适用。其主要缺点:一是耗水量大,水资源浪费严重;二是后期粪污处理过程中,固液分离后的干物质中养分含量不高,肥料价值降低;三是粪中大部分可溶性有机物进入液体,使得液体部分的浓度很高,处理难度较大(成冰 等,2006;张庆东 等,2013)。

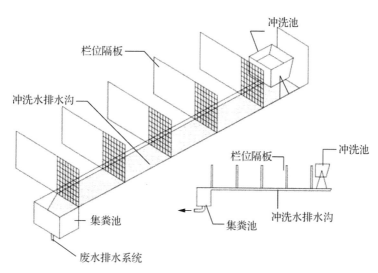

图 8.2　水冲粪工艺示意图

　　水冲粪方式可保持猪舍内的环境清洁,有利于动物健康。劳动效率高,有利于养殖场工人健康,在劳动力缺乏的地区较为适用。缺点是耗水量大,一万头养猪场每天需消耗 200～250 t 水。污染物浓度高,处理难度大。经固液分离出的固体部分养分含量低,肥料价值低。

3) 水泡粪

水泡粪是在水冲粪基础上改进发展而来的,主要做法是在猪舍内的漏缝地板下设深 0.7～2.7 m、有一定坡度的集粪沟,集粪沟与排污主干沟间设有闸门,集粪沟中注入一定深度的水,粪、尿冲洗和饲养管理的用水一并排放至漏缝地板下的集粪沟中,贮存一定时间(一般为 1～2 个月,有的长达半年),待粪沟接近装满后,打开出口闸门,沟中的粪水顺粪沟流入排污主干沟后排出,进入贮粪池贮存。水泡粪方式的优点是,相对于水冲粪方式,能够节约冲洗用水量;相对于干清粪,可降低劳动强度,提高劳动效率。水泡粪的主要缺点:一是粪尿污水在猪舍内长时间停留,厌氧发酵产生甲烷、氨、硫化氢等有害气体,并且舍内潮湿,卫生状况差,危及猪群和饲养人员的健康;二是粪液污染物浓度高,如果不能完全还田利用,达标处理更加困难(张庆东 等,2013)。水泡粪的优点:劳动强度小,劳动效率高,比水冲粪工艺节省用水,工艺技术不复杂,不受气候变化影响。

综上所述,猪舍不同粪污收集技术比较见表 8.1。

表 8.1 猪舍不同粪污收集技术比较

清粪工艺	耗水	耗电	耗工	维护费用	投资	粪污后清理难度	舍内环境
人工干清粪	少	少	多	少	少	易	中
机械干清粪	少	多	中	高	高	易	中
水冲粪	多	少	少	少	中	难	好
水泡粪	中	中	少	少	高	难	差

8.1.2 其他养殖场粪污收集技术比较

1) 鸡场粪污收集技术比较(表 8.2)

鸡场粪污收集技术:即时清粪工艺、集中清粪工艺、生态养殖工艺。

(1) 即时清粪工艺 大都采用机械清粪,投资大,舍内空气质量较好,常用的机械有两类:

①刮粪机清粪:用于阶梯式笼养鸡舍及少数网上平养鸡舍。系统主要由控制器、电动机、减速器、刮板、钢丝绳等设备组成。

②履带式清粪:用于叠层式笼养鸡清粪。系统由控制器、电机、履带等组成。

经常是几个配合使用,直接将粪便输送到运粪车上。

（2）集中清粪工艺 主要适用于高床单层笼养或高床网上平养的方式。机械设备投资较少,劳动效率高;鸡粪在舍内堆积发酵产生霉败臭气影响鸡生长发育和正常产蛋。

（3）生态养殖工艺 主要有生态发酵床养殖和野外散养两类。

①生态发酵床养殖是一种舍饲散养模式,是将菌种、米糠、锯末、玉米粉等按比例混合作为鸡舍的垫料,再利用鸡的翻扒习性使鸡粪、尿和垫料充分混合,通过垫料的分解发酵,使鸡粪、尿中的有机物质得到充分的分解和转化的养殖工艺。

②野外散养,是利用林下昆虫或牧草等食物进行饲养的方式。

表8.2 鸡场不同粪污收集技术比较

清粪工艺	耗电	耗工	维护费用	投资	舍内环境	适用范围
即时清粪	多	中	高	高	中	规模鸡场
集中清粪	少	少	少	中	差	饲养期短的肉鸡饲养
生态养殖	少	多	中	低	好	小规模饲养

2）羊场粪污收集技术比较(表8.3)

羊场粪污收集技术:即时清粪工艺、集中清粪工艺。

（1）即时清粪工艺 分人工清粪和羊床下机械清粪两种。前者不设羊床,采用扫帚、小推车等简易工具清扫运出,特点是投资少,劳动量大。后者采用刮粪板将粪便集中到一端,用粪车运走,容易实现机械化,但适于较长的羊舍,设备投资大,易损坏。

（2）集中清粪工艺 分高床集中清粪和加垫料集中清粪两种。前者设羊床,床下70～80 cm高,池底设一定坡度,尿液排出舍外,粪便自然发酵。此方法,粪尿分离,集中出粪,利于机械化清粪,投资较大。后者不设羊床,经常增加垫料,让粪尿与垫料自然混合发酵,当达到一定高度时,集中清理。此方法投资少,节省劳动力,舍内空气质量较差,在北方寒冷地区,冬季采取这种模式较多。

表8.3 羊场不同粪污收集技术比较

清粪工艺	耗电	耗工	维护费用	投资	舍内空气质量
即时清粪(人工)	少	多	低	低	好
即时清粪(机械)	多	中	高	高	好
集中清粪(加垫料)	少	中	低	低	差
集中清粪(高床)	少	少	低	高	好

8.2　干燥法

目前畜禽粪便处理最常用的干燥技术主要包括自然干燥、高温快速干燥、烘干膨化干燥、生物干燥及机械脱水干燥等。

1）自然干燥法

自然干燥技术即是将收集的鲜粪单独晒干，或掺入一定比例的麦糠，拌匀摊晒在干燥处，依靠太阳晒干。晒干后过筛，除去杂质，再粉碎，放置在干燥处供作饲料，夏季多用此法。其原理主要是利用太阳光的照射作用，通过自然通风或者强制通风达到干燥的目的，这种方法操作简单，成本低，但在处理过程中占地面积较大，受天气影响严重，且在干燥中存在氨挥发等严重的问题，会产生大量臭味气体污染空气。学者在粪便中添加微生物以加快干燥时间，刘建在不采用任何前处理措施的条件下，在粪便自然干燥中采用接种含硫色曲霉、黑根霉、枯草芽孢杆菌的发酵剂等技术干燥动物粪便，缩短动物粪便干燥时间。在严峻的环保形势下，在各方都积极推行可持续发展的要求下，该技术的应用前景并不乐观。

2）高温快速干燥法

高温快速干燥是我国利用较为广泛的方法之一，目前已经在鸡粪的干燥处理中得到广泛应用。其原理是利用煤、电或重油等燃烧产生的热量使粪便内部水分蒸发，通常需要利用干燥机械设备来进行干燥，如滚筒式回转干燥机等，在高温加热的作用下，粪便内水分可在极短的时间内降低到18％以下（张庆国，2019）。该技术具有可批量化生产，干燥速度快，占地面积小，不受天气影响等优点，但也存在着初投资较大，产品肥效低等缺点。现有的干燥设备较多，不同的干燥设备应用于相对应的畜禽粪便，才能达到预期的干燥效果，如回转圆筒干燥机适用于鸡粪等畜禽粪便，鸡粪干燥后呈均匀颗粒状；搅拌型干燥机适用于鸡粪、鸭粪、猪粪等，可不经任何预处理；粉碎型干燥机适用于含水率＜85％且不含纤维性杂物的粪便干燥，如猪粪、奶牛粪等。何瑞银等（2005）分析中小型养鸡场鸡粪的处理工艺，其中搅拌型干燥机可将含水率80％左右的鸡粪降到15％以下；滚筒型干燥设备机械自动化程度高，一次性处理量大；魏红军（2019）发明一种搅拌型粪便烘干装置，并在除味箱内添加活性炭进行吸附，降低异味对空气的污染；程政（2016）发明一种粉碎型生物粪便回收装置，该装置结构简单方便，可提高粪便回收降解速率，能小型化制作，适用于小型工厂或饲养场，保证工作场所的干净卫生。

3）烘干膨化干燥法

烘干膨化干燥的原理是利用热效应和喷放机械效应两个方面的作用,使粪便能彻底杀菌、灭虫卵,达到卫生防疫的要求,但该方法存在一次性投资较大、膨化烘干时耗能较多的缺点,尤其是夏季,大批量处理粪便时仍有臭气产生,又增加处理臭气与产物的成本,因此导致这项技术的应用受到限制。北京市平谷峪口鸡场成功研制自动烘干膨化机,日处理鸡粪量分别为 3×10^3 kg、5×10^3 kg 和 10×10^3 kg。若 1 个饲养 10 万只蛋鸡的鸡场购置 1 台日处理量为 10×10^3 kg 鸡粪的膨化烘干机,6～8 月便可回收成本,鸡场每年可获纯利 50 万～80 万元。

4）生物干燥法

粪便生物干燥(Biological-Drying)的原理是利用堆肥过程中微生物分解有机物所产生的能量增加粪便中水分的散发,起到干燥粪便、降低粪便水分的目的。

美国康奈尔大学的 Jewell 于 1984 年首次提出粪便的生物干燥一词,并采用批次堆肥的方法,通过对温度、空气流速等因子的调节,确认在含水量为 400 g/kg、温度为 60 ℃时,微生物降解作用最活跃。随后许多科学家对生物干燥技术的原理与方法展开了研究。Richard 等认为,堆肥的生物干燥涉及物理过程与生物过程,物理过程的影响因素包括空气的流速,从基质到对流空气中蒸汽的传导速度,进出口的温度条件以及相对湿度;生物过程中重要的影响因素是降解速率,它直接影响能量的释放,而它本身又是温度、湿度以及氧分压的函数。

我国在生物干燥方面曾做过一些研究工作,但利用生物干燥技术进行禽畜粪便处理的实验研究相对较少,常志州等(2000)对猪粪进行生物干燥实验,结果表明,60％与 70％含水量基质发酵温度及脱水效果基本一致;添加木屑、稻草两种调理剂有利于提高发酵温度与加快粪便脱水;适当通气可加快粪便干燥。曾勇庆等(1994)分别运用发酵法、人工干燥法和自然干燥法对鸡粪进行处理,发现经发酵法处理后的物料中的蛋白质、氨基酸等物质均高于其他干燥方式。广东省科学院生态环境与土壤研究所的专家将农作物秸秆、畜禽粪便按一定比例混匀以调节碳氮比和碳磷比,接种腐熟菌剂进行生物好氧共堆肥,将发酵后的半成品经粉碎、干燥后可直接制备成生物有机肥;或加入适量的化学肥料制备生物有机无机复混肥。

5）机械脱水干燥法

机械脱水干燥技术是指采用压榨机械或者离心机械等设备对粪便进行脱水处理。我国的固液分离设备主要有斜板筛、挤压式分离机、离心式分离机等。其中,斜板筛具有结构简单、不堵塞等特点,但是固体去除率较低,通常为 20％～25％,

分离出的固体物含水率较高;挤压式分离机寿命较长,分离后的物料含水率可达60%左右,也存在水分去除率较低的缺点;离心式分离机相比较来说效果较好,可用于处理猪粪和鸡粪,对固体去除率为40%～60%(靳锋锋,2014)。固液分离设备对粪便的固体去除率相较于其他干燥方式较低,但可作为干燥前的预处理设备使用。黄小英(2018)设计一款固液分离机,采用双线挤压螺杆结构实现粪渣与粪水的分离,使粪便的含水率降到65%以下。优化螺旋挤压式固液分离机的工作参数,并以牛粪为原料进行实验,最终固体去除率可达49.84%,分离后固体的含水率为61%。

8.3　本章小结

收集技术分为干清粪、水冲粪和水泡粪。干清粪又可分为人工干清粪和机械干清粪。人工干清粪设备简单,投资少,可以做到粪尿分离,但是人工成本较高;机械干清粪可降低劳动强度,但初始投资较高,维修困难。水冲粪方式可保持猪舍内的环境清洁,劳动强度小,劳动效率高,有利于人体和动物的健康;但这种方式耗水量较大。水泡粪方式跟水冲粪方式类似,可提高劳动效率,其成本也比水冲粪方式更低,但其粪液处理困难。

干燥技术主要包括自然干燥、高温快速干燥、烘干膨化干燥、生物干燥及机械脱水干燥。自然干燥法会产生大量臭味气体污染空气,目前已基本不用这种方法。高温快速干燥法由于简单而有效,性价比比较高,是目前主流的干燥方法。烘干膨化干燥法能彻底杀菌、灭虫卵,但其初始投资较高且耗能。生物干燥目前实际应用较少,研究领域做了一些实验证明存在一定的效果,但还需要继续发展。机械脱水干燥法主要用于干燥前的固液分离的预处理设备,也可以提高处理效率。

9 畜禽养殖业固体废弃物的生物处理

　　自然界中有很多微生物具有氧化、分解有机物的能力。利用微生物在一定的温度、湿度和 pH 条件下,将有机废弃物进行生物化学降解,使其形成一种类似腐殖质土壤的有机物用作肥料和改良土壤。这种利用微生物降解有机废弃物的方法称为生物处理法,一般又称堆肥化处理。

　　有机废弃物是堆肥中微生物赖以生存、繁殖的物质条件,由于微生物生活时有的需要氧气,有的不需要氧气,因此,根据处理过程中起作用的微生物对氧气要求不同,有机性废弃物堆肥化处理可分为好氧堆肥法(高温堆肥法)和厌氧堆肥法两种。前者是在通气条件下借助好氧微生物活动使有机物得到降解,由于好氧堆肥温度一般在 50~60 ℃,故也称为高温堆肥。后者是利用厌氧微生物发酵进行肥料制作的过程。

9.1　厌氧发酵技术

　　畜禽养殖粪便发酵技术根据畜禽粪便等有机成分的含量不同,通过有益发酵微生物菌落的分解发酵,使畜禽粪便等有机物质充分分解和转化,同时产生高温,利用高温在发酵筒内杀灭有害病菌、寄生虫及虫卵,生产出符合国家标准的高效有益菌肥。该技术适用于大、中、小畜禽养殖场的粪便污水处理,解决了养殖场脏乱差、臭气熏天的环保问题,能够实现养殖场粪便、污水零排放;实现废物利用、变粪为宝;能够提高农民收入,增加养殖场效益。

9.1.1　厌氧发酵的基本过程

　　1) 厌氧发酵的总过程

　　厌氧堆肥是在无氧条件下借助厌氧微生物的作用进行的,图 9.1 是厌氧发酵过程示意图。

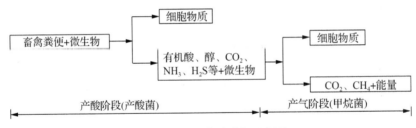

图 9.1 厌氧发酵过程示意图

当有机物厌氧分解时,主要经历酸性发酵和碱性发酵两个阶段。分解初期微生物活动中的分解产物主要是有机酸、醇、二氧化碳、氨、硫化氢、磷化氢等。在这一阶段,因有机酸大量积累,发酵材料中 pH 逐渐下降。随着易分解性有机物质的减少和氧化还原电位的下降,另一群统称为甲烷细菌的微生物开始分解有机酸和醇类等物质,主要产物是甲烷和二氧化碳。随着甲烷细菌的繁殖,有机酸迅速分解、pH 迅速上升,这一阶段叫碱性发酵阶段。以纤维素分解为例,堆肥的厌氧分解反应表示为:

$$nC_6H_{12}O_6 \xrightarrow{\text{微生物}} 3nCO_2 + 3nCH_4 + 能量 \tag{9.1}$$

由于厌氧发酵后的产物呈液体状,有时仍含少量病原菌,并散发臭气,因此在农田施用前必须经过灭菌并用专门的沼液散布机械进行喷洒,施肥田块的土地面积也要大,所以该方法比较适合于大农场使用。此外,由于沼气的产生受外界温度变化影响大,在北方寒冷的冬季产气量低,因而比较适合我国南方。

2) 厌氧发酵的三个阶段

参与有机物厌氧分解过程,主要是产酸和产甲烷两大类菌群,在厌氧条件下这些微生物对有机物的代谢分水解、产酸和产甲烷三阶段进行见图 9.2。

第一阶段为水解阶段,在微生物胞外酶的作用下,固体有机物转化为可溶于水的物质。

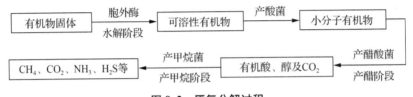

图 9.2 厌氧分解过程

第二阶段为产酸阶段,产酸菌群对水解产物进一步进行分解,将大分子有机物转化为小分子有机物,主要是一些低级挥发性脂肪酸、醇、醛、酯等,其中又以乙酸为主,约占 80 ％。

第三阶段为产甲烷阶段,甲烷菌将酸化的中间产物和代谢产物分解成二氧化碳、甲烷、氨和硫化氢等。

在产酸阶段,广泛存在于自然界中的腐化菌构成了酸化菌的主体,它们繁殖力强,其世代周期有的短至 12 h。它们适宜于生长在 pH 为 4.5～8.0 的介质中,酸化时间约为整个厌氧降解历程的 1/10。在酸化后期,由于含氮有机物分解生成氨及胺,常使介质 pH 有所升高。

在产甲烷阶段,甲烷菌的繁殖速度相当慢,使得这一阶段需要较长时间。

9.1.2 影响厌氧发酵的因素

1) 温度

温度是影响厌氧发酵最重要的因素。它通过影响厌氧微生物细胞内酶的活性和发酵料液的溶解度,进而影响微生物的生长速率和微生物对发酵底物的代谢速率以及沼气产量和气体的组成(夏挺 等,2017)。一般来说,厌氧发酵过程中主要存在水解酸化菌群和产甲烷菌。水解酸化菌群对温度的适应范围很大,甚至在 100 ℃环境下也能很好地生存(邹书珍,2017)。产甲烷菌对温度却十分敏感。产甲烷菌有 3 个适宜生长的温度范围,分为低温(10～25 ℃)、中温(30～40 ℃)和高温(50～60 ℃)。相应的发酵工艺分别为低温厌氧发酵、中温厌氧发酵以及高温厌氧发酵。低温厌氧发酵效率很低,一般中温厌氧发酵和高温厌氧发酵比较常见,高温条件下发酵速率最高。此时,水解酸化菌成为优势菌群,有利于有机物的水解、酸化和溶解,甚至连一些难以降解的纤维素物质也可以得到分解(王腾旭,2016)。其次,在产甲烷菌的耐受范围内,温度越高,其酶的活性越大,因而产气速度越快,发酵启动时间和周期越短。此外,高温厌氧发酵还可以灭活病毒和病菌,尤其是对寄生虫卵的杀灭率高达 99％。然而,高温厌氧发酵也存在不足之处。若产甲烷菌不能及时利用水解酸化菌群产生的有机酸,则发酵液容易酸化,进而抑制产气。高温产甲烷菌在维持自身生长和酶反应时需要更多的能量参与,因此需要消耗较多的能量用于反应料液的加温和保温,发酵设备比较复杂,增加投资费用,投入产出比较低。此外,微生物在高温情况下很容易衰减,死亡率增加。

中温厌氧发酵产甲烷量最大。研究表明,中温厌氧发酵甲烷产量最高,高温厌氧发酵其次,而低温厌氧发酵最低(傅建辉,1991;夏挺 等,2017)。这是因为在中温条件下产甲烷菌占据优势地位,产甲烷作用可能得到加强。大多数研究表明中温 35 ℃更适合以鼠粪、牛粪、兔粪和熊粪等粪便为原料的厌氧发酵反应,其产沼气量更大,沼气中甲烷浓度更高(范云,2012)。

因此,在实际生产中,当处理量很大时,不宜采用发酵速率略有优势的高温厌氧发酵,而应选用处理原料效率高、产气量高、消耗能量少的中温厌氧发酵。也有研究建议采用第二阶段发酵程序,即利用高温加速水解,水解反应结束后降低温度,利用中温促进产甲烷菌产气。

2) 水力停留时间(Hydraulic Retention Time,HRT)

HRT 是指物料在反应器内的平均停留时间,是反应器的有效容积与单位时间内进料体积的比值。工程上,常会根据进料量和设计的 HRT 确定反应器的大小。若 HRT 过短,废水处理不彻底,有机物去除率低。若 HRT 过长,微生物生长繁殖所需的能源和营养元素已被消耗过多而无法满足微生物的活动所需,致使微生物活性急剧下降,从而导致厌氧发酵过程产气量降低,发酵系统的运行效果变差(王荣辉等, 2015)。选用过长的 HRT 必定增大了反应器的容积,进而增加了占地面积和造价。在实际应用中,HRT 可以结合实地可利用的空间和出水要求,尽量延长。这是因为产甲烷菌的生长很缓慢且世代时间长,它只能利用简单的物质生长繁殖,如 CO_2、H_2、甲酸、甲醇、乙酸和甲基胺等。这些物质又必须由水解酸化菌群将有机物分解后提供,所以产甲烷菌一定要等到其他细菌都大量生长后才能生长。同时,产甲烷菌世代周期也长,需要几天至几十天才能繁殖一代。因此,只有使产甲烷菌等微生物与有机物充分接触并在反应器内有足够长的停留时间才能最大限度地分解有机物并产生沼气。工程上,一般中温厌氧发酵的 HRT 可以选择 20～40 d,随着温度的升高,HRT 可以适当减少。研究表明,30 ℃条件下奶牛粪便厌氧发酵 HRT 为 20 d 时,可获取最大池容产气率(乔小珊,2014)。

3) 搅拌

一般情况下,厌氧发酵体系本身内部是不均匀的,包括温度、微生物和发酵底物混合、新旧料液混合等多方面的不均匀。搅拌不仅可以让发酵系统充分混合均匀,而且增加了微生物中的酶与发酵原料的接触面积,有效地破坏沼气池内悬浮的浮渣层面,提高产气量(夏挺 等,2017)。但过度地剧烈搅拌会破坏发酵系统内某些菌种的共生关系。因此,厌氧发酵系统内应进行低速缓慢搅拌。

4) 抑制物

常见的微生物抑制物有重金属、盐类、抗生素、氯酚及卤代脂肪族化合物、杀虫剂、木质素水解产物以及消化过程中产生的挥发性脂肪酸(VFA)、长链脂肪酸、柠檬烯、硫化物和无机氮等（靳红梅等，2018）。其中，重金属、盐类、抗生素、硫化物和无机氮因其在发酵系统中含量较高，对发酵过程的影响较大。

畜禽粪便中常见的有明显生物毒性的重金属有 Zn、Cu、Cd、Pb、Cr、Hg、Ni 等，主要来自不能被畜禽完全吸收利用的饲料添加剂。在不同畜禽的粪便中，猪粪中重金属含量较高。与其他抑制物不同的是，重金属不能被微生物降解，积累到一定程度时会降低微生物活性甚至引起微生物死亡（邹书珍，2017）。其主要原因是重金属可以与蛋白质分子中的巯基或其他基团结合，破坏微生物酶的结构和功能，或者取代酶分子中的相关离子，从而影响酶活性（孙建平 等，2009）。当外源 Cu 和 Cr 含量超过 0.2 mg/L 时开始抑制总产气量和产甲烷量。当 Zn 含量超过 0.6 mg/L 时也会抑制产气。

无机盐是微生物不可缺少的营养。当无机盐浓度较低时，可以促进微生物的生长，但高浓度的无机盐会产生较高的外界渗透压，因而会降低微生物代谢酶的活性，甚至会引起细胞壁分离，抑制微生物的生长。

抗生素能直接杀灭某些微生物或抑制其生长，改变厌氧发酵系统中微生物的群落组成。四环素类抗生素在畜禽粪便中最常见，以金霉素和土霉素的应用最为广泛。研究表明，金霉素、土霉素对厌氧发酵均有抑制作用，其产生抑制的临界浓度值分别为 0.1 和 0.3 mg/L。当两者联合作用时，抑制效应更强。

H_2S 气体是发酵过程的产物，在沼气中的含量一般为 0.2%～0.9%。H_2S 有强烈的刺激性，且有剧毒，其溶于发酵液并超过一定浓度时，对厌氧微生物极其不利。当 S^{2-} 浓度不超过 65.6 mg/L 时，厌氧消化无抑制作用，但当 S^{2-} 浓度超过 164 mg/L 时则产生明显的抑制现象。一般可以通过添加 $FeCl_2$、$FeCl_3$、$AlCl_3$ 抑制 H_2S 的产生，降低其毒害程度。

氨氮主要来自厌氧发酵过程中有机氮的水解，一般以铵态氮和游离 NH_3 的形式存在。虽然低浓度的氨氮对于维持厌氧发酵的平衡有着重要的作用，但高浓度的氨氮会抑制产甲烷菌，从而影响厌氧发酵的正常运行。研究表明，在鸡粪厌氧发酵过程中，发酵料液中铵态氮含量可以高达 3 600 mg/L 以上，严重抑制了产气（靳红梅 等，2018）。在实际工程中，要使液铵态氮对厌氧消化无拮抗作用，一般应控制其含量低于 500 mg/L。

5）pH

厌氧消化体系的酸碱性是气-液相间的 CO_2 平衡和 NH_3 平衡、液相内的酸碱平衡以及固-液相间的溶解平衡共同作用的结果。它通过影响微生物的细胞膜、胞外水解酶、代谢过程以及消化液中的组分解离,进而影响微生物的活性(张旭等,1997)。畜禽粪便在厌氧发酵过程中由于挥发性脂肪酸的积累,容易酸化,产生酸抑制,尤以猪粪最为明显。当猪粪发酵液 pH 降至 5 左右时,会严重制约产气。一般情况下,厌氧发酵的最佳 pH 为 6.8~7.4,即在中性至弱碱范围内对厌氧发酵比较有利。

6) 碳氮比(Carbon-Nitrogen Ratio,C/N)

碳氮比(C/N)是指有机物中碳的总含量与氮的总含量的比值,是微生物生长过程中必不可少的营养物质。在厌氧发酵系统中,若 C/N 过高,即氮素相对不足,发酵液的缓冲能力降低,pH 容易下降;若 C/N 过低,即氮素相对过量,发酵系统将产生大量游离铵,pH 容易升高,且铵盐过剩导致微生物中毒,抑制产气(夏挺 等,2017)。通常情况下,以 C/N 达到 20~30 为宜。常温下应控制牛粪或者鸭粪的 C/N 为 25,均可获得最高的甲烷产气量。鸡粪发酵的最适 C/N 一般为 20。猪粪在高温条件下厌氧发酵的 C/N 可以取 16。

然而,畜禽粪便是富氮原料,单一畜禽粪便发酵原料往往缺少碳源,例如兔粪的 C/N 较小,约为 6;鸡粪 C/N 约为 10;猪粪 C/N 一般在 12 左右;牛粪 C/N 高一些,其中黄牛粪和奶牛粪的 C/N 分别为 21 和 24(李轶 等,2015)。在实际生产中,可以适当添加稻秆、稻草、葡萄糖、甘蔗渣、米糠、麦秸、杂木屑等富碳原料来提高发酵系统的 C/N。

7) 有机负荷

发酵液的浓度常用容积有机负荷表示,即单位体积污水处理反应器(或单位体积介质滤料)每天所承受的有机物的质量。在工程设计上,当进料基本稳定时,反应器容积将影响发酵过程的有机负荷。若反应器过小,负荷过高,发酵原料不易分解,反应器内容易积累大量挥发性脂肪酸(VFA),影响正常产气;若反应器过大,负荷过低,单位容积里的有机物含量相对较低,不利于反应器的充分利用。事实上,在一定范围内,有机负荷越高,产气率越高。因此,在反应器容积设计时,为节约成本和用地,使反应器充分利用,可考虑在不影响产气的前提下,使容器内有机负荷尽可能高。

研究表明,当有机负荷控制在 2.5~5.0 kg/(m^3 · d)时,厌氧消化系统中挥发性脂肪酸浓度较低,且氨氮浓度低于 6.7×10^3 mg/L,沼气最大容积产气率为 2.58 m^3/m^3。而当有机负荷提高到 6.0 kg/(m^3 · d)时,会引起乙酸和丙酸的快速累积,氨氮浓度也升高到 6.7×10^3 mg/L,沼气容积产气率降低约 23.5%(傅国志等,2017)。因此,一般情况下可控制有机负荷在 6.0 kg/(m^3 • d)以下。

8)总固体(Total Solid,TS)浓度

发酵液的总固体浓度是指发酵液中干物质的百分比含量。该指标的大小与反应器容积无关,取决于发酵料液本身的含固量。在一定范围内,随着 TS 浓度的增加,产气量增大。然而,发酵系统中 VFA 的浓度与 TS 成正比。为了避免发酵过程中 VFA 大量积累导致 pH 急剧下降,根据不同的发酵原料,一般将 TS 控制在 6%～10%,且在夏季和初秋温度较高的季节,可以保持较高的发酵浓度。研究表明,用猪粪或者奶牛粪便进行实验,可取发酵料液的 TS 浓度为 6%或 8%(常华等,2017)。

9)添加剂

常用的厌氧发酵添加剂主要是微量金属元素和吸附剂。微量金属元素作为电子导体参与厌氧消化过程的细胞胞外电子转移,促进生物的代谢效率。吸附剂依靠其多孔、比表面积大的结构,可以吸附发酵液中微生物的有害抑制物(如 NH_3、硫化物等),同时给微生物提供附着载体或者促进电子传递,也能提高产气效率(靳红梅等,2018)。铁、锰、镍、钴是常用的金属添加剂,而沸石、活性炭、生物炭、粉煤灰等是常用的吸附剂。

对于微量金属添加剂,以应用较多的 Fe 元素为例,往稻秆和猪粪的混合发酵物中添加 3%的 $Fe_2(SO_4)_3$,则总产气量和产甲烷量可分别提高 32.01%和 51.48%(范信生,2018)。添加 5%的 $FePO_4$ 也可以有效促进鸭粪和向日葵秸秆混合发酵的产气量、产气效率及产气稳定性,总产气量高达无添加剂时的 9 倍。

对于吸附剂,生物炭、粉煤灰、磁性粉煤灰能将猪粪产气总量和产甲烷量分别提高 5%～12%、4%～10%(刘春软 等,2018)。一些经过热处理的碳具有更强的促进作用。例如,以 190 ℃水热法制备的沼渣水热碳,可以将中温厌氧消化系统中猪粪的产气总量和产甲烷量分别提高 29.81%和 26.22%,而麦秸热解生物炭可以将两者分别提高至 96.1%和 101.8%(许彩云 等,2016)。

此外,还有一种复合添加剂,即微量金属元素与传统吸附剂的复合物,例如铁氧化物/沸石。在铁元素促进电子转移的同时,沸石能够吸附 NH_3、缓和 NH_3 对产甲烷菌的抑制作用,且能为厌氧消化系统提供多种微量元素。研究表明,往牛粪中加入铁氧化物/沸石复合物可以显著提高粪便的生化降解效率,其中累积产气量可以提高 96.8%,VSS 和 COD 的去除率分别提高 37.5%和 44.6%(鹿晓菲,2018)。

9.1.3 厌氧发酵工艺实例

厌氧发酵工艺由于所需时间较长,且受自然条件影响较大,因此该工艺一般用于生产沼气。因为沼气是一种清洁能源,污染极小,所以我国各地已经推广了不同规模的厌氧发酵工艺处理农业废弃物,并生产沼气,用于照明、取暖、做饭等。下面以上海崇明跃进农场的厌氧发酵工程为例来说明。该农场的厌氧发酵是以鸡粪为原料的,具体工艺流程(图 9.3)和设计参数如下所示。

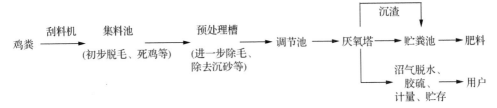

图 9.3 鸡粪厌氧发酵过程

1) 工艺设计参数

(1) 鸡粪量及产气能力

12 000 只羽鸡,日产湿粪量为

$$12\ 000\ 只 \times 0.1\ kg/只 = 1200\ kg$$

鸡粪含 TS 28%,物料产气率为 0.45 m³/kg TS,所以日产气潜力为

$$12\ 000 \times 0.1 \times 28\% \times 0.45 = 151.2\ (m^3)$$

生产运转能力按 70% 计,日产气量为

$$151.2 \times 70\% \approx 105.8\ (m^3)$$

(2) 厌氧塔设计参数 厌氧塔容积 128 m³,有效容积 10 m³。冲洗液量 10 m³/d,日进料量 10 m³,TS 3%,滞留期 11 d。发酵温度 25~30 ℃,产气率 0.86 m³/(m³·d)。TS 去除率 50%,COD 去除率 80%。

2) 运行条件及结果

(1) 运行条件 温度 24.3 ℃;进料 TS 1.6%;进料 VS 1.26%;进料 COD 15 kg/m³;日进料 10 m³,滞留期 11 d。

(2) 运行结果 TS 去除率 44.4%;VS 去除率 46.8%;COD 去除率 84%。平均产气率 0.93~1.45 m³/(m³·d);甲烷含量 60.5%~62.5%。

3) 效益概算

年平均产气 14.6 万标准 m³,2021 年天然气价格大约在 2.5~3.5/m³,按

2.5/m³ 计算,直接收入 29.2 万元,128 户职工年节省煤炭 99.84×10³ kg。此外,每年还可提供优质肥料 3 000×10³ kg 以上,同时清洁卫生,有较好的环境效益。

9.2 好氧堆肥技术

好氧堆肥是在有氧的条件下,借助好氧微生物的作用来进行的。在堆肥过程中,有机废弃物中的溶解性有机物质透过微生物的细胞壁和细胞膜被微生物吸收,固体和胶体的有机物先附着在微生物体外,由微生物所分泌的胞外酶分解为溶解性物质后再渗入细胞。微生物通过自身的生命活动——氧化、还原和合成过程,把一部分有机物氧化成简单的无机物,释放出生命活动所需的能量,并把一部分有机物转化为生物体所必需的营养物质以合成新的细胞物质,于是微生物逐渐生长繁殖产生更多的生物体。

一般情况下利用堆肥温度变化作为堆肥过程的评价指标。一个完整的堆肥过程由四个堆肥阶段组成,即低温阶段、中温阶段、高温阶段和降温阶段。每个阶段都拥有不同的细菌、放线菌、真菌和原生动物,这些微生物就利用废弃物中的有机物质作为食物和能量来源直至形成稳定的腐殖质物质为止。

9.2.1 好氧堆肥工艺流程

传统的堆肥化技术采用厌氧的野外堆积法,这种方法不仅占地面积大、堆制时间长,而且无害化程度也低。现代化的堆肥生产一般采用好氧堆肥工艺,具有机械化程度高、处理量大、堆肥发酵速度快、无害化程度高和便于进行清洁化生产等优点。畜禽粪便的好氧堆肥通常由前处理、一次发酵(主处理或主发酵)、二次发酵(后熟发酵)以及后续加工、贮藏等工序组成。

1)前处理

因为畜禽粪便中水分含量大(含水量通常在 70%～90%),如果不进行水分调节就会因通气不良而出现堆肥温度上升慢、臭气产生量大,并且搬运搅拌也不方便等。因此前处理的主要任务是进行水分含量、材料通气性和 C/N 调节。同时也可以顺便除去那些较大而不适合堆肥的物质如铁丝、砖瓦、石块、塑料膜、绳索等杂质,否则会影响以后的搅拌、通气等过程。

2)一次发酵

畜禽粪便的一次发酵通常在特定的发酵场所(槽、池等)或装置内进行,在堆肥过程中通过搅拌和强制通风向堆肥内部通入氧气,促进好氧性微生物活动。由于堆肥原料、空气和土壤中存在着大量的各种微生物,因此堆肥原料投入后很快就进入发酵阶段。首先微生物利用易分解性有机物进行繁殖,产生二氧化碳和水,同时产生热量使堆肥升温。发酵初期有机物质的分解主要是靠中温型微生物(30～40 ℃)进行的,随着温度的升高,最适宜生活在 45～65 ℃的高温菌逐渐取代了中温型微生物。在此温度下,各种病原菌、寄生虫卵、杂草种子等均可被杀灭。一般由温度开始上升到温度开始下降的阶段称为一次发酵阶段。为了提高无害化效果,这一阶段至少应保持 10 d。一般情况下,该阶段牛粪为 4～5 周、猪粪为 3～4周、鸡粪为 2～3 周。

3)二次发酵

将经过一次发酵后的堆肥送到二次发酵场地继续堆腐,使一次发酵中尚未完全分解的易分解的、较易分解的与难分解的有机物质继续分解,并将其逐渐转化为比较稳定和腐熟的堆肥。一般二次发酵的要求不如一次发酵条件严格,堆积高度可以在 1～2 m,只要有防雨、通风措施即可。在堆积过程中每 1～2 周要进行一次翻堆。二次发酵的时间长短视畜禽粪便种类和添加的水分调节材料性质而定,一般堆肥内部温度降至 40 ℃以下时就表明二次发酵结束,即可以进行堆肥风干和后续加工了。通常,纯畜禽粪便堆肥二次发酵需要 1 个月左右的时间,添加秸秆类材料时二次发酵在 2～3 个月,而添加木质材料如锯末、树皮等情况下二次发酵需要在 6 个月以上的时间。

9.2.2　好氧堆肥处理设施及其特征

堆肥方式尽管多种多样,但可分为静态发酵和动态发酵两大类。静态发酵以自然堆肥或通气型堆肥槽方式为代表。动态发酵又有开放型和密闭型两种方式。开放型堆肥方式主要是在直线形或圆形发酵槽的上部备有行走式搅拌机装置,利用这种搅拌机装置定时地对堆肥材料进行搅拌,每搅拌一次就将堆肥材料从投料口向出料口搬运一定的距离。因此,整个堆肥生产过程是动态和连续的。密闭型堆肥方式则是将发酵材料连续地或定时地投入一种纵式或横式的圆筒状密闭发酵装置中,通过发酵槽的自身旋转或通过内部搅拌棒的旋转对材料进行搅拌以促进发酵。

在进行堆肥设施的建设时到底选择哪种方式,应根据畜禽粪便的排出量、建设用地多少、附近有无居民和资金等具体情况进行全面考虑。不能一味地追求规模化和自动化,也不能为了节约开支选择过于简单的处理方式而不考虑对环境的影响。下面就几种比较适用的堆肥设施阐述如下。

1) 静态堆肥方式

(1) 自然堆积方式　自然堆积方式是将畜禽粪便简单地堆积在墙角或简易的棚子中进行暂时贮存,使之在好氧微生物的作用下发酵分解,同时利用堆肥过程中产生的高温进行无害化处理的过程,因此一般不进行搅拌或很少进行搅拌。这种处理方式微生物活动所需的空气主要是依靠材料表面向内部的扩散来完成的。由于空气的扩散深度一般为 0.25~0.30 m,因此堆肥的堆积高度不宜过高,最高不应超过 2 m。否则因自重过大将材料压紧、压实导致堆肥内部空气供应不畅而影响发酵。同时在堆肥过程中为了防止对环境的污染,应将整个堆肥设施进行密封,并且要具有一定的抗强风雨雪的能力。

由于这种堆肥方式的一次发酵与二次发酵均在同一处进行,堆肥周期较长,因此这种堆肥方式一般只适用于中小型养殖场。对于大型养殖场来说,由于每天产生的畜禽粪便量较大,如果采用这种方式不仅需要大量的人工而且需要占用较大的场地。在确定这种方式的具体堆肥时间时,应根据畜禽粪便的产生量和堆肥场地面积大小而定,如果在堆肥过程中采取一些促进堆肥发酵的措施则可以大大缩短堆肥的时间。图 9.4 和图 9.5 就是很成功的例子,所用堆肥池容积为 1 m³ 左右,为了增加空气向堆肥内部的扩散,池的底部用竹篱笆架空,出料口也用竹篱笆挡住,每天收集的猪粪与锯末或稻壳等材料混合后即投入第一池,待第一池装满后再将第一池的堆肥移入第二池中。在堆肥的移动过程中实际上也相当于对堆肥进行了一次搅拌,采用这种方法一般 1 个月左右堆肥即可达到腐熟。

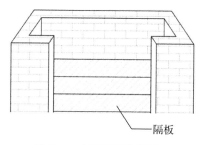

图9.4　小型堆肥池出料口

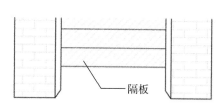

图9.5　小型堆肥池底部

（2）通气型堆积方式　通气型堆积方式不仅要定期对材料进行搅拌，而且要通过底部的通气管道进行不间断地或间歇式地通风（图 9.6），这样可以大大缩短堆肥处理所需的时间。由于这种处理方式中一次发酵处理所需的时间短、无害化效果好，因此处理畜禽粪便的能力较大。在实际生产中，一般都在通气型堆肥池内完成一次处理后，将堆肥移入普通堆肥池中进行二次处理和贮存，因而可以大大提高畜禽粪便的处理能力。

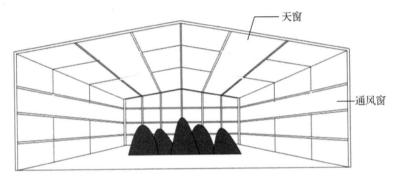

天窗

通风窗

图 9.6　自然堆积型堆肥舍

①搅拌装置：由于通气型堆肥方式中投入的原料量大、集中，在堆肥的搅拌过程中常散发出大量臭气，很难用人力完成堆肥的搅拌或堆肥的搬运工作，因此堆肥的搅拌必须借助机械来完成。在这种堆肥方式中一般没有专用的搅拌机械，往往以中小型铲车或翻斗车代替。因此，为了方便机械作业，在堆肥舍的建设时要留有机械行走通道和最小作业半径所需的场地。

②通气装置：通气型堆肥方式中通气作业是利用通风机来完成的，即首先利用通风机将空气压入管道，然后通过管道进入堆肥池的通气床，最后由通气床上的支管分布到堆肥的各部位。在选择通风机时要充分考虑堆肥所需的通气量和各种通气阻抗等因素。通常，通气量大小随堆肥原料的水分含量和通气性状况等因素不同而异。很多研究表明，每立方米堆肥材料的通气量应在 50～30 L/min 范围内，但生产中以 100 L/min 左右的通气量则比较经济。通气阻抗是指堆肥原料对通入空气的抵抗力。考虑到空气在通气管内通过时的压力损耗，通气泵的通气静止压力维持在 1 000～2 500 Pa 范围为宜。

（a）通风机：堆肥生产中应用的通风机类型很多，一般有离心式、轴流式、斜流式、横流式等。工作原理是：利用叶轮快速旋转对吸入的空气产生一定的压力并将空气压入通气管道。一般通气泵空气吐出口与空气吸入口的空气压力比在

1.1左右,但根据利用目的不同,有吐出口压力在 $10\sim100$ kPa(相对压力)范围内的各种型号通气泵(吸入口空气为 1 atm, 1 atm＝101.325 kPa)。另外,一种特殊的涡流式通气机,因其机体小、质量轻、高风压,在堆肥生产中应用较广。由于通风机类型较多,应用目的也不相同,因此在选购时应首先估计堆肥原料的具体情况、配管情况和所需静止压力等因素,如有可能最好选用涡流式通风机以保证通气压力。

(b) 通气管:堆肥生产中的通气管是将从通气机出来的空气通入堆肥池内的管道。在通气型堆肥方式中,采用具有一定抗压能力、质轻、耐腐蚀性强的塑料管或聚氯乙烯(PVC)管均可。在设计通气管路线时,最重要的就是要以最小压力损耗为目的,因此尽量减少弯曲、突然缩小或扩大、多分头等部位出现。

(c) 通气床:通气床是为了将通入的空气均匀地分布到整个堆肥池底部而设置的,其配置通常采用分枝方式。首先将一根主通气管道伸入堆肥池底部,然后再用一些多孔的分枝管道将空气分布到各部位。为了防止通气床内的通气管道堵塞,通常在通气管周围用锯末、稻壳或粒径较大的石子铺盖。但是,由于在堆肥的搬运、搅拌时机械的碾压等作业易导致空气的流通受阻,另外因堆肥原料的水分较高或因管道周围的锯末、稻壳等细小材料进入管道后易造成堵塞,所以在每次充填堆肥原料前应对通气管进行检查,以保证通气畅通。通气床管道上的出气小孔直径和密度要根据通气机的压力、堆肥材料种类和堆积高度来定,如果能采用专用的空气散气管最好(为了防止小孔的堵塞采用了多孔、多层的形式)。如果是自己制作,小孔直径在 0.5 cm 左右为宜,密度在 1 个/cm² 左右,当然小孔数目越多越有利于空气的均匀散布。

(3) 堆肥设施及使用中应注意的问题

①堆肥场地应选择地势较高并且向阳的地方建设,以防止雨水流入和周围温度的剧烈变化(昼夜、季节)。在生产中由于有较大型机械运行及堆肥原料搬动等作业,因此地基要结实,并应留有一定的空地供机械点检与维修作业等。

②在畜禽粪便水分含量较高时会有大量汁液排出,因此必须建设有贮液槽。同时也应留有一定的空间作为堆肥材料的水分调节用地。

③堆肥的堆积高度不应超过 2 m,否则会因材料自重而将材料压实,从而降低堆肥的通气性和导致发酵时间延长。

④为了保证通气畅通,应定时对整个通气装置和通气管道进行检查。

⑤要正确连接配气管道,不要有突然变细或变粗之处。

2)动态堆肥方式

(1)开放型堆肥方式　开放型堆肥设施主要由发酵槽、搅拌机和通气装置三部分组成。其特点是在发酵槽外事先将原料进行水分调节后,可以连续或定时地向发酵槽投料。在进行堆肥搅拌时,搅拌机将堆肥原料由入口逐步地移至出口时,就完成了一次发酵。然后再把半腐熟堆肥搬运到二次发酵场所进行二次发酵。因为发酵材料的发酵是连续的,所以通气作业通常也是连续的。

①发酵槽:开放型堆肥方式中发酵槽的形状有直线形、圆形以及直线与半圆组成的回转形或称之为跑道形。一般来说发酵槽的宽度在2.0～6.0 m,深度在0.3～2.0 m,长度在20～60 m。这种堆肥方式的一次发酵时间一般在15～25 d,然后再将完成一次发酵的堆肥送入二次发酵场地进行后熟发酵。在实际生产中一次发酵与二次发酵也有在同一发酵槽内完成的,但是这种方式加长了发酵槽的占用时间,势必会影响畜禽粪便的处理能力。现根据发酵槽的形状分别叙述如下。

(a)直线形发酵槽:这种发酵槽的特点是在发酵槽的两侧壁上设有两条轨道,搅拌机在两条轨道上来回直线行走。发酵槽有单列的,也有复列的。为了节省设备投资,有些处理厂在多条发酵槽的一端设有可供搅拌机横向移动的轨道,能够使搅拌机在一条发酵槽上的搅拌作业完成后再转入另一条发酵槽搅拌。还有采用台式小车将搅拌机运送到另一条发酵槽的。

(b)回转形发酵槽:回转形发酵槽的形状像体育场上的跑道(图9.7),从发酵槽一端半圆的圆心至另一端半圆的圆心之间设有墙壁将发酵槽隔开,在该墙壁上设有轨道,与之相平行在发酵槽的外侧墙壁上也设有轨道,搅拌机沿着外壁和内壁上的轨道运行,发酵材料就从入口经搅拌机搅拌后慢慢移至出口(发酵槽同一端的另一侧)。

(c)圆形发酵槽:发酵槽的形状是圆形的,在圆形外侧壁上设有轨道,在圆心处设有固定的轴,搅拌机的一端就固定在这根轴上,另一端沿着圆形轨道运行。沿发酵槽外侧投入的堆肥材料在混合的同时,经发酵槽搅拌后慢慢地移向中心部,然后落入设置在发酵槽底部的中心处的出料口,通过传送带或料斗车将堆肥送入二次发酵场地。

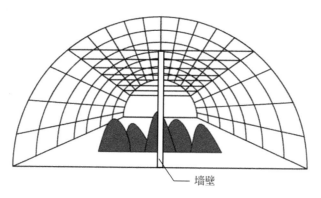

墙壁

图9.7　回转形发酵槽

②搅拌机：在开放型堆肥方式中搅拌机一般都是专用的，有铲式、旋转式和悬垂抓斗式。搅拌机一般都设置在发酵槽的正上方，搅拌次数为每天一次或两次。在堆肥材料进行搅拌的同时，朝着出口方向堆肥材料被移动一定的距离或者从一个发酵区被移至另一个发酵区。15～25 d后，投入的堆肥材料在完成一次发酵的同时，也从原料投入口渐渐被移至出口。

生产中应注意的问题：

①堆肥原料的水分含量应调至70%以下，然后再装入发酵槽。

②在堆肥原料中应避免石块或铁片等异物混入，否则易损坏搅拌机。

③通气机、通气床以及管道要定时检查，保证通气畅通。

④由于发酵过程中常常产生大量的 NH_3、H_2S 等臭气，容易导致机械腐蚀，因此应及时对搅拌机进行保养和维修。

（2）密闭型堆肥方式

密闭型堆肥方式可分为纵式密闭堆肥和横式密闭堆肥两种。纵式密闭堆肥装置主要由覆以隔热材料的钢制发酵槽和兼有通气、搅拌功能的搅拌机组成。横式密闭堆肥装置又可分为外旋转式和内旋转式两种。外旋转式的外部由电动机带动旋转，内部搅拌棒部分不转动。内旋转式的外部为非旋转部分，内部设有电动机带动的搅拌部分。发酵槽部分是覆以隔热材料、横向设置的圆筒状钢制容器。在实际生产中，为了加快发酵进程，有的还设有通入空气的加热设备。

9.2.3　好氧堆肥的优越性

1）堆肥化处理可以将污染环境的畜禽粪便转变为优质有机肥

通常情况下，由于家畜粪便中含水量高而呈稀糊状，不仅不方便运输和在农田中施用,而且长时间自然堆放也会散发出强烈的臭味和滋生蚊蝇等,这是导致家畜和人传染病的重要原因之一,也是当前造成农村环境污染的重要污染源。在堆肥化过程中,利用微生物的强烈活动将粪便中易分解性有机物分解,不但可以消除家畜粪便的臭味和污浊感,而且微生物活动所产生的热量可使堆肥内部产生高温,既促进了材料中水分的蒸发又可以杀死病原菌、虫卵和杂草种子,最终使具有恶臭和强烈污浊感的粪便变成无臭和卫生的优质有机肥。

2) 堆肥化处理有利于消除畜禽粪便中不利于植物生长发育的有害物质

发展生态农业和资源循环型农业是今后农业发展的必然趋势,而将有机废弃物进行合理的循环利用则是实现农业可持续发展的重要措施。随着我国畜禽养殖业规模化的发展,加快畜禽排泄物在农业中的循环,将有利于促进农业与养殖业协调发展并改善农村生态环境。

但是,如果将大量的新鲜畜粪直接施用于土壤,不仅会带进较多的病虫害和杂草种子,而且因新鲜畜粪在土壤中的快速分解产生大量的 CO_2、低级脂肪酸和一些酚酸类等有害物质,从而给作物的生长发育尤其是根系的生长发育带来不良影响。畜禽粪便经堆肥化处理后,不仅消除了这些有害的物质,而且提高了有效性养分的含量。

3) 畜禽粪尿的堆肥化处理优于干燥处理

将畜禽粪便进行干燥处理和堆肥处理都具有减少粪便中水分含量的作用。但是,堆肥处理是利用微生物分解有机物质过程中产生的热量,促进水分蒸发并达到无害化的目的。而干燥法处理是利用外部加热如燃煤或利用电能来达到降低水分的目的,这样不仅增加了畜粪处理的成本,而且在水分蒸发的同时还有大量的挥发性臭气物质被排放到空气中,造成了严重的空气污染。此外,干燥处理还因未能消除畜粪中大量的易分解性物质等臭气源,所以处理过的制品返潮后因微生物的活动仍会散发大量臭气。因此,不论从经济上还是从产品品质和环境保护意义上讲,畜禽粪便的堆肥化处理均优于干燥处理。

4) 堆肥化处理快速、高效,最适合大中型集约化养殖场采用

在堆肥化处理的一次发酵过程中,堆肥材料的搬运、搅拌等过程均可以全部采用机械化作业,因而大大降低了工人的劳动强度;发酵过程中进行强制通气促进好氧微生物的活动以促进发酵和缩短处理时间;经过无害化处理后材料的二次发酵可以在其他地方进行,不必长期占用发酵场地,因而既节约了设备投资,又大大提高了畜禽粪便的处理能力。此外,由于该方式不需投资大型设备、消耗能量少,因此最适合大中型集约化养殖场采用。

9.3 好氧堆肥技术的条件与调控

与自然状态下有机物的自然腐败现象不同,堆肥化处理是在人为控制的环境条件下利用微生物将有机物质进行分解。因此,堆肥化的环境条件的调控目的就是使好氧微生物始终处于最活跃状态。为了保证微生物的旺盛活动,充足的营养源、合适的水分含量、充足的氧气供应是三个关键的条件。因此,要满足上述三个关键条件,在堆肥前就必须对发酵材料进行水分含量和通气性调节,堆肥发酵过程中要进行强制通风和定时搅拌或搅翻等。

9.3.1 堆肥材料的特性

1) 畜禽粪便中营养物质的构成

畜禽粪便主要由水分与干物质构成,干物质由有机物与无机物(灰分)构成,有机物又可分为易分解有机物和难分解有机物。微生物活动所需要的营养主要来源就是易分解有机物质。通常可以通过测定这些材料中的五日生物化学需氧量BOD_5等间接测定畜禽粪便中易分解有机肥的比例或含量。

2) 堆肥处理中畜禽粪便干物质的分解率

畜禽粪便中干物质分解率因堆肥处理的条件如处理设备、技术水平、发酵时间长短和畜禽粪便种类等因素不同而相差很大,因此很难确切地说明堆肥材料的有机物分解率到底是多少。一些研究资料表明,畜禽粪便的总干物质分解率一般在20%～40%。鸡粪、猪粪和牛粪与珍珠岩(珍珠岩是非分解性的,只起调节通气性的作用而对粪便中有机物的分解没有影响)混合堆肥时,经过14周的堆肥发酵后,三者的干物质分解率分别为30%、41%和37%左右。实际上,在堆肥化处理中随着堆肥发酵时间的延长有机物分解率将继续增加,但是为了提高畜禽粪便处理效率和减少成本,一般都将一次发酵时间设置在15～20 d,二次发酵时间在1个月左右为宜。

在养殖畜舍内粪便的堆积期间,一些易分解性有机物也进行分解,因此与刚刚排泄后即进行堆肥处理的材料相比,堆肥处理期间有机物分解率就相对低一些。目前,我国肉鸡养殖中,一般肉鸡出栏后才进行鸡粪的清理工作,在鸡舍内鸡粪的堆积时间大约在45 d,因此进行堆肥时总干物质分解率就较低。此外,在利用风干堆肥进行材料的水分调节时,新鲜畜禽粪便也会促进风干堆肥的进一步分解,因此在进行堆肥的有关计算时也不应忽视这种情况。

3）堆肥材料的C/N

一般畜禽粪便中易分解性有机物含量越多,微生物活动就越旺盛。在畜禽粪便的堆肥化处理中,通常用C/N来反映堆肥材料的营养平衡状况。由于微生物体的C/N约为20,对于C/N高于20的有机物质微生物分解就相对较慢。从表9.1看出,畜禽粪便的C/N一般都较低,牛粪为15～20、猪粪为10～15、鸡粪为6～10,表明畜禽粪便中的N含量较高。所以在堆肥化过程中伴随着有机物的分解都会有NH_3的释放。

表9.1 堆肥原料的成分（占干物质的含量）

原料名		水分(%)	CaO(%)	MgO(%)	K(%)	P(%)	N(%)	C(%)	C/N
畜禽粪类	牛粪	约80	1.5～2.0	0.5～1.0	1.5～2.0	2.0～2.5	2.0～2.5	40～45	15～20
	猪粪	约70	4.0～5.0	1.0～1.5	1.5～2.0	5.0～6.0	3.0～4.0	40～50	10～15
	鸡粪	约65	10～15	1.0～1.5	3.0～4.0	6.0～7.0	5.0～6.0	35～40	6～10

随生物质材料的性质不同,C/N有很大的差异。秸秆类、蔬菜类、树木类和食品残渣类等材料中以食品残渣类的C/N最低。食品残渣类中植物性和动物性残渣的C/N也相差很大。在植物性材料中,豆科类C/N较低而禾本科类较高。在利用畜禽粪便进行堆肥时,通常添加一些秸秆类或锯末类等C/N较高的材料进行水分调节,因此,在进行水分调节的同时实际上也有调节C/N的作用。但由于畜禽粪便的C/N较低,如果添加的秸秆类等材料比例不大,一般不会在较大程度上影响堆肥化的速度。

9.3.2 堆肥材料的水分含量

1）微生物与水分含量的关系

微生物在干燥状态下活动较弱,一般水分含量在40%以下时微生物的繁殖就会受到抑制。因此,在堆肥化处理中微生物如果能得到充足的氧气供应,材料的水分含量越高对微生物的活动越有利。但是,材料水分含量较高时,材料的通气性就会变劣,好氧微生物的活动就会受到抑制,不仅因出现嫌气性发酵而产生大量臭气,而且发酵速度也较慢。因此,在堆肥开始前要对材料的水分含量进行调节,使材料既能保持良好的通气状态,又含有足量的水分供微生物活动需要。

2）水分含量与通气性调节

畜禽粪便的水分含量调节方法主要有两种:一种是利用热能、太阳能等将畜禽粪便进行预干燥;另一种是通适添加干燥的生物性材料如锯末、稻壳、作物秸秆等来调节。

堆肥材料的通气性常用堆肥材料中的空隙率(气相比例)作为判断指标。一般堆肥材料中空隙率在30%以上较好。但在这一空隙率时,材料的水分含量依畜禽粪便种类以及用于水分调节的材料种类等因素的不同而异。一般在堆肥化开始以锯末或稻糠等作为水分调节材料时,猪粪含水量在62%、牛粪在72%时为宜;利用预干燥方式或风干堆肥进行水分调节的情况下,鸡粪含水量在52%、猪粪在55%和牛粪在68%以下为宜。

3)水分调节材料的物理性状

由于锯末、稻壳等材料具有较好的吸水性和保水性,与畜禽粪便混合后的通气性也较好,因此是较理想的水分和通气性调节材料。类似的调节材料还有很多,性质各异,列于表9.2和表9.3以供参考。

表9.2 水分调节材料的性能

材 料	优点	缺点
稻草、麦秸类	通气件调节效果好,比较容易分解,材料易得	受季节性限制,收集较费工,需前处理(如破碎等)
稻壳	有一定的通气性调节效果,粉碎后吸水性高	比较难分解,粉碎需耗能
锯末、树皮	通气件调节效果好,有一定的吸水性	难分解,产生影响作物生长的有害成分,来源受限制
无机材料(珍珠岩等)	通气件调节效果好,有一定的吸水性;易贮存,不分解	价格较高

表9.3 稻壳和锯末的粒径与吸水率之间的关系

材 料	粒径(mm)	含水率(%)	吸水率(%)	备注
	实物	9.5	74	
	2.0 以上	8.3	136	实物的1/2程度粉碎
	2.0～<0.85	8.7	150	实物的1/5～1/4程度粉碎
稻壳	0.85～<0.4	9.1	237	
	0.4～<0.25	9.0	244	细粉状
	0.25～0.11	8.8	250	细粉
	0.11 以下	8.3	215	微细粉
锯末	实物(0.25～0.85)	34.2	249	

锯末或稻壳等材料因 C/N 高,因而在堆肥过程中分解性较差。另外,由于这些材料中常含有不利于作物生长的有害物质,如果要使它们较好地进行分解则需要很长的时间,这样会增加堆肥处理设施面积和增加处理成本。未粉碎的稻壳吸水性较差,经过粉碎后不仅提高了吸水性,而且也易于消除不利于植物生长发育的有害成分。因此在生产上利用稻壳作为水分和通气性调节材料时,应进行适当粉碎,以提高堆肥的品质。

为了提高或不降低堆肥产品中养分含量,在进行堆肥化处理时也可以使用风干堆肥来进行水分和通气性调节。但是,如果风干堆肥本身的含水量较高,就会使处理材料的体积过大,这样不仅会增加处理成本,而且降低了堆肥产量和畜禽粪便的处理能力。因此,利用风干堆肥进行水分调节时,水分含量应尽可能的低。另外,使用纯畜禽粪便堆肥作为添加材料时,如果添加量过多也会导致通气性不良和盐类浓度上升。因此在这种场合下,需要配合添加一些其他的水分调节材料。

9.3.3 充足的氧气供应

堆肥化过程中,为微生物活动提供充足的氧气是非常重要的。为了供应微生物充足的氧气,在采用自然堆积方式进行堆肥时,除对鲜畜粪的水分含量、通气性进行调节外,还需要进行定期搅拌或搅翻。如果采用强制通风方式时,尽管堆肥原料的种类、水分含量、外界气温等因素有所不同,但一般将通气量控制在 0.050～0.3 $m^3/(m^3 \cdot min)$ 范围内为宜。

1) 微生物与氧气供应的关系

好氧微生物的活动与增殖离不开充足的氧气供应。微生物在好氧条件下,通过分解有机物质产生热量而促进堆肥腐熟和水分蒸发。当氧气供应不足或停止供应的情况下,尽管厌氧微生物也能将材料中有机物质进行分解,但分解速度较慢,温度难以上升,并且易产生大量的硫化氢等含硫化合物和低级脂肪酸等恶臭物质。因此,在堆肥化过程中,应采取调节水分含量、改善通气性、强制通风和定时搅拌等措施来保证充足的氧气供应。

2) 通气的必要性

新鲜畜粪与调节材料刚混合后,材料中空隙率高、容重低、通气性好,氧气通过自然扩散进入堆肥内部,但一般也只能到达 0.25 m 深处。但是,随着堆肥材料的大量分解,材料会逐步压实而变得通气不良,此时如果通过搅拌或翻堆使通气性保持均匀,有利于促进堆肥的发酵。实际生产中,堆肥的堆肥高度一般在 0.80 m 以上,在一次发酵的旺盛阶段堆肥内氧气的消耗量非常大,仅靠空气的自然扩散进行氧气供应是不够的。有研究表明,即使通过强制通气方式通入堆肥内部的氧气,在15 min之内就可消耗完。因此,在较大规模地进行堆肥生产时,必须采用强制通风方式进行氧气供应,以达到在较大程度上促进腐熟、缩短发酵周期、减少处理场地占用面积和节约投资成本的目的。另外,增加通风也有利于堆肥材料中水分蒸发。

3) 合适的通气量

尽管通气量因畜粪种类、水分含量和堆肥季节等因素的不同而有所不同,但大量研究表明,堆肥材料含水量在70%以下时,通气量保持在0.1 m³/(m³·min)以下堆肥发酵都能顺利进行。如果水分含量在70%以上时,通气量应该保持在0.1~0.15 m³/(m³·min)范围内才能取得较好的效果。为了促进堆肥腐熟和提高水分蒸发的除湿效果则需要增加通气量。但是,通气量的增加就意味着能耗的增加,所以在实际生产中通气量控制在0.05~0.3 m³/(m³·min)范围内较为合适。当堆肥堆积高度在1 m以上时,通气量在0.1 m³/(m³·min)以上较好。此外,在利用密闭型机械发酵装置进行堆肥发酵时,主要依靠搅拌来增加堆肥材料与空气的接触。当然,如果适当增加通气量的话,则可以起到促进堆肥干燥的效果。

4) 通气时应注意的问题

在堆肥处理过程中,通气量的控制应注意以下问题:①为了确保通气性的改善,在向堆肥设施内投入原料前最好进行通气性测试;②堆肥初期为了节能和防止热的散失,通气量可以小一些,当有机物分解进入旺盛时期时通气量要大一些,并保持连续通气,而当发酵温度上升到60 ℃以上时,可以进行间歇式通气以利于节能和保温;③在堆肥原料中易分解性有机物质含量多的情况下,应适当增加通气量;④夏季通入空气的温度以常温即可,在寒冷的冬季保持通入气体的温度在40 ℃左右为好;⑤通风机要有一定的通风静止压力,否则通入的氧气不易到达堆肥内部,一般堆肥堆积高度在1 m以上时,通气静止压力在2 000 Pa左右为宜;⑥定时检查堆肥设施中的通气管道,以确保通气畅通。

此外,通风机械离设施越近、通气管道越短越好。通气管道的口径要与通风机口径相一致。为了减少管道的压力损耗,尽量减少弯曲、突然扩大或缩小等的情况。通气床中的散气管采用多孔管为好,孔隙数越多越有利于散气和降低通气阻力。为了防止散气管孔堵塞,在通气管上面铺设一些无机材料(如砂石)较好。

在实际生产中,检查通气状况可以根据水蒸气的蒸发情况来判断。由于早晨外界空气较冷,我们可以看到由堆肥材料散发出的蒸汽。如果散发的蒸汽直接向上升起,说明通气状况处于良好状态。另外,也可以在温度上升时,在几个地方扒开堆肥材料至 0.50 m 深处,看看各处温度是否都达到了 70 ℃左右,否则内部可能因有结块而导致通气阻塞。

5) 堆肥的搅拌

适时搅拌可以改善发酵材料的通气状况、增加材料与空气的接触、提高好氧性微生物活性和促进发酵。在堆肥化处理中,当材料堆积较高(1.5~2.0 m)时,即使在通气的场合下,内部也会因出现结块而影响均匀发酵。因此,适时搅拌就可以起到破碎内部结块、改善通气性、使材料发酵均匀等作用。由于堆肥发酵方式不同,因此采用的搅拌方式也不尽相同。一般在自然堆积方式中,可以采用中、小型翻斗机或人工搅拌;而在开放型发酵槽方式中,材料深度(或高度)在 0.80 m 以下时通常采用带有搅拌棒的旋转式搅拌机,而深度在 0.80 m 及以上时则需要专用的搅拌机进行。由于每次搅拌都会伴随着大量热量的散失并导致温度暂时大幅度下降,因此搅拌次数也不宜过度。搅拌需要消耗大量的能量和人力,在自然堆积方式下一般半个月或一个月搅拌一次。在开放型发酵槽方式中,每天搅拌 1~2 次。由于密闭型机械发酵装置绝热效果较好,适当增加搅拌次数可增加发酵材料与空气接触的时间,提高好氧微生物活性和促进水分蒸发等,所以每天搅拌在 20~40 次。

9.3.4 堆肥过程中的微生物

1) 微生物的种类、数量

畜禽鲜粪中存在着多种微生物,在发酵过程中随着温度的变化,微生物种类也发生变化。因此,堆肥腐熟是由多种类型的微生物交替出现和共同作用完成的,在堆肥发酵中不存在特定的微生物。例如,在猪粪与锯末混合发酵中(条形发酵槽方式),开始时细菌数量占优势,约 4 周后出现大量的放线菌,12 周后出现大量的真菌和纤维分解菌。达到最高温度时,尽管高温型微生物占优势,但中温型微生物也并不是全部消失,其数量也在 $10^6 \sim 10^8$ 个/g。当温度再次下降到中温范围时,一些中温型微生物又重新占据优势。当发酵处于这一阶段时,堆肥材料最初的恶臭已消失,取而代之的是一种堆肥特有的臭味(放线菌臭),这也表明堆肥的一次发酵已接近完成。

2) 微生物的添加

堆肥化的主要作用者是好氧性微生物,在家畜排泄物、空气和畜舍中自然存在着大量的微生物,因此在堆肥时没有必要特意向堆肥材料中添加微生物。在堆肥前对材料进行水分含量和通气性调节,为好氧性微生物活动创造一个最佳的环境条件才是堆肥生产中最为重要的。经过一次发酵后的堆肥内存在数量巨大且与堆肥发酵直接有关的各种微生物,而且均处于高度活跃的状态。所以,如果刻意要添加微生物的话,可以在堆肥前将半腐熟的堆肥与材料混合,这样不仅可以起到增加微生物数量的目的,同时也起到调节水分含量和通气性的作用。至于添加量多少合适,则取决于一次发酵后堆肥的水分含量。

目前,市场上有很多称之为能促进堆肥发酵的菌制剂在销售,至于这些制剂到底效果如何,尽管人们对此意见不一,但有一点是不可否认的,即如果离开了堆肥中好氧微生物活动所需的最佳条件,不管添加何种微生物制剂或是从哪一国家引进的,都不可能起到促进发酵的作用。

9.3.5 温度

堆肥内部温度的上升是微生物对材料中有机物质旺盛分解的结果,也是堆肥发酵顺利进行的证明。因此,随着堆肥发酵的快速进行,堆肥内部温度不断上升,材料中一些水分也被蒸发,多数的病原菌、寄生虫和杂草种子等也被杀灭,从而生产出卫生、安全的优质堆肥。

1) 堆肥内温度与微生物活动的关系

按照微生物最适宜温度活动范围,一般把微生物分为低温型微生物(12～18 ℃)、中温型微生物(30～37 ℃)和高温型微生物(55～60 ℃)三类。与堆肥发酵密切相关的微生物,通常是在 30 ℃以上温度环境中活动旺盛的微生物。如图 9.8 所示,尽管在冬季（-5～10 ℃)堆肥时温度最初上升有一些迟缓,但仍可以正常完成堆肥化过程,在这种条件下微生物分解干物质所产生的热量,主要用于堆肥材料和通入空气的升温。因为周围的环境温度较低,发酵设施墙壁传导而损失的热量也增加,所以在冬季堆肥过程中蒸发的水分要少些。

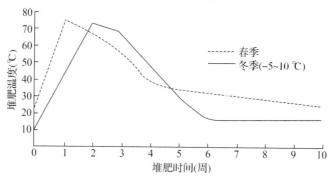

图 9.8 不同环境温度条件下堆肥内的温度变化

2) 水分含量、通气量与温度的关系

堆肥化过程中,温度上升与材料的水分含量和通气量密切相关。例如,以猪粪为主体材料的堆肥化过程中,要使堆肥出现 60 ℃ 以上的高温,水分含量应控制在 45%~65% 范围内,通气量宜保持在 $0.3 \times 10^{-3} \sim 1.0 \times 10^{-3}$ m³/(min·kg 干物质)。

3) 有机物质分解时产生的热量

目前,在堆肥化过程中分解 1 kg 的堆肥材料所释放出的热量尚没有准确的资料。一些研究资料表明,每消耗 1 kg 的堆肥材料可产生 4 000~5 000 kcal (16.7~20.9 MJ)的热量。但随着畜禽种类、饲养条件、饲料种类及堆肥前材料的存放时间不同,堆肥过程中所产生的热量也各不相同。所以,在进行堆肥设施的设计时,可以按每分解 1 kg 堆肥材料平均产生 4 500 kcal(18.8 MJ)的热量来计算。在堆肥生产中为了促进堆肥发酵,通常在堆肥前添加锯末、稻壳或稻糠等材料以调节水分和通气性,这些添加材料在堆肥化过程中也释放热量,但是分解 1 kg 这种材料一般只能产生 3 000~4 000 kcal (12.6~16.7 MJ)的热量。

4) 堆肥过程中水分的蒸发

从理论上来讲,要蒸发 1 kg 水分需消耗 600 kcal(2.51 MJ)的热能。但在堆肥化过程中,由于堆肥材料的温度上升、通入空气的加热、发酵设备墙壁的热量传导等都要损失热量,堆肥过程中真正要蒸发 1 kg 的水分所消耗的热能要高于 600 kcal(2.51 MJ)。从大量的实验结果来看,在堆肥过程中要蒸发 1 kg 的水分至少需要消耗 900 kcal 的热量(3.77 MJ)。在绝热性能较好的密闭式发酵装置中,约需 800 kcal(3.35 MJ)的热量,而在寒冷地带这个值就要大得多。

5) 病原菌及杂草种子的杀灭

堆肥过程中如果 60 ℃ 以上的高温能持续数日的话,病原菌、寄生虫与虫卵等大都可以被杀灭(表 9.4)。大多数杂草种子在 60 ℃ 下经过 2 d 就不能正常发芽。

表 9.4　几种常见病原菌与寄生虫卵的死亡温度和死亡时间

名称	死亡温度(℃)	死亡时间	名称	死亡温度(℃)	死亡时间
大肠杆菌	55~60	30 min	蛔虫卵	60	30 min
疟疾病菌	55	60 min	钩虫卵	50	3 天
葡萄球菌	50	10 min	鞭虫卵	45	60 min
伤寒沙门菌	55~60	30 min	蝇蛆	51~56	1 天
牛结核杆菌	55	45 min	猪瘟病毒	50~60	30 天

由于堆肥温度从表面至中心是不同的,因此为了能使全部堆肥材料都经数日的高温,在堆肥期间必须进行搅拌。

9.4　本章小结

影响厌氧发酵法处理粪便固废的因素有温度、水力停留时间、搅拌操作、抑制物、pH、C/N、有机负荷、总固体浓度和添加剂。温度是影响厌氧发酵最重要的因素,且在中温条件下厌氧发酵产甲烷量最大。重金属、盐类、抗生素、硫化物和无机氮对发酵过程的影响较大。在一定范围内,有机负荷越高,产气率越高。在实际应用中,HRT 可以结合实际可利用的空间和出水要求,尽量延长;厌氧发酵系统内应进行低速缓慢搅拌;一般情况下,厌氧发酵的最佳 pH 为 6.8~7.4;通常情况下,以C/N 达到 20~30 为宜;一般将 TS 控制在 6%~10%。

畜禽粪便的好氧堆肥通常由前处理、一次发酵(主处理或主发酵)、二次发酵(后熟发酵)以及后续加工、贮藏等工序组成。堆肥方式可分为静态发酵和动态发酵两大类。

影响好氧堆肥的主要因素有堆肥材料的水分含量、氧气供应、微生物作用和温度。微生物在干燥状态下活动较弱,一般水分含量在 40% 以下时,微生物的繁殖就会受到抑制。畜禽粪便的水分含量调节方法主要有两种:一种是利用热能、太阳能等将畜禽粪便进行预干燥;另一种是通过添加干燥的生物性材料如锯末、稻壳、作物秸秆等来进行调节。为了供应微生物充足的氧气,在采用自然堆积方式进行堆肥时,除对鲜畜粪的水分含量、通气性进行调节外,还需要进行定期搅拌或搅翻,一般将通气量控制在 50~300 L/(m³·min)范围内为宜。可以在堆肥前将半腐熟的堆肥与材料混合,这样不仅可以起到增加微生物数量的目的,同时也起到调节水分含量和通气性的作用。堆肥过程中如果 60 ℃ 以上的高温能持续数日的话,病原菌、寄生虫与虫卵等大都可以被杀灭;大多数的杂草种子在 60 ℃ 下经过 2 d 就不能正常发芽。

10 畜禽养殖污染防控管理概述

10.1 我国畜禽养殖污染防控管理的发展

在我国《畜禽规模养殖污染防治条例》出台之前的20世纪中期,许多发达国家如美国开始盛行大规模集约化养殖,这种类型的养殖直接导致产生许多废物和污染物,对环境造成了许多不可逆转的破坏。立法、出台条例等手段是改善该类型污染的大势所趋。20世纪后期,许多发达国家意识到问题的所在,立法机构开始采取法律手段对畜禽养殖污染进行约束和限制,最直接的方法就是立法。比如:日本出台了《废弃物处理与消除法》《防止水污染法》等法律管理以减少畜禽污染;美国也出台《清洁水法》并进行不断修正与完善。

改革开放为中国现代化建设提供了有力保障,创造了发展中国特色社会主义和中华民族伟大复兴的必经之路,但是同样的,发达国家所出现过养殖污染问题也会在中国发生,中国也必须采取相应的措施去解决污染问题。图10.1列出了我国出台畜禽养殖污染相关规定时间轴。

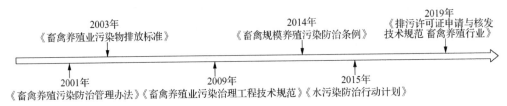

图 10.1　我国出台畜禽养殖污染相关规定时间轴图

长期以来,畜禽养殖污染防治监管无法可依,原国家环境保护总局于2001年5月8日颁布的《畜禽养殖污染防治管理办法》是我国较早期的规定。该办法虽然对畜禽养殖场排放的废渣,清洗畜禽体和饲养场地、器具产生的污水及恶臭等对环境造成的危害和破坏进行了一系列的限制,但是其由于立法较早效力有限,无法作为进一步强化环境监管的依据,导致畜禽养殖污染防治设施配套率低,人员积极性不强,监管难度大,环境管理不到位,现已废止。并且该管理办法也很难协调多方力量、出台更多的政策措施进行进一步完善以推动畜禽养殖废弃物处理水平的提高。此外,养殖结构的不合理、农村生产生活方式的转变、劳动力结构的变化以及国家对化肥使用的补贴等政策,导致畜禽粪肥的应用受到限制,也直接导致了大量畜禽粪便等废弃物资源的浪费,形成污染。针对《畜禽养殖污染防治管理办法》的缺陷与不足,国家分别于 2003 年、2009 年出台了《畜禽养殖业污染物排放标准》《畜禽养殖业污染治理工程技术规范》,通过制定规范和标准的手段,控制畜禽养殖业产生的废水、废渣和臭味对人类居住的环境产生的污染;同时竭力促进养殖业生产工艺和技术进步,在我国维持生态平衡方面上做出改善。但是规范和标准仅适用于我国集约化、规模化的畜禽养殖场和养殖区,不适用于畜禽养殖的散养户,鼓励我国畜禽养殖户进行生态养殖,逐步实现全国养殖业的合理布局。

在又经历了数年发展后,国务院总理李克强签署国务院令,公布《畜禽规模养殖污染防治条例》(以下简称《条例》),《条例》共 6 章 44 条,自 2014 年 1 月 1 日起施行(图 10.2)(隋如意,2019)。此条例的诞生为我国各省市畜禽养殖污染防治管理具体措施提供了重要指引与参考。《条例》立法的根本目的,是强化畜牧业环境污染防治体系建设,从畜牧业产业规划布局等环节预防畜禽养殖污染的发生并推动畜禽养殖业从加强科学规划布局、适度规模化集约化发展、加强环保设施建设、推进种养结合、提高废弃物利用率入手,提高畜禽养殖业可持续发展能力,提升产业发展水平和产业综合效益。

图 10.2 《畜禽规模养殖污染防治条例》封面

《条例》颁布之后社会普遍认为,这将极大程度地提升我国畜禽养殖污染物的重复利用效率以及对废物处理的重视程度,这一系列的举措可以提高我国畜禽养殖业的普遍环境保护水平。近年来,我国畜禽养殖业发展迅速,已经成为农村经济最具活力的增长点,畜禽产品贸易市场不断壮大、畜禽规模化发展在促进我国国民经济发展的同时,也使农民做到自己动手丰衣足食。但是我国的畜禽产业在急速发展的情况下缺乏了必要的引导和规划,更多地不施加管控使得市场朝着消费者导向进行自由发展,也导致我国畜禽养殖业结构不合理、种养脱节,部分地区养殖总量超过环境容量。国家对畜禽养殖的管理也经历了三个阶段:末端治理阶段、总量控制阶段、精细化管理阶段。但是每个阶段的畜禽养殖污染防治任务和压力依然较大,加之畜禽养殖污染防治设施普遍配套不到位,甚至出现了欠账的情况,所以大量畜禽粪便、污水等废弃物得不到有效处理并进入循环利用环节,导致环境污染。第一次全国污染源普查数据表明,畜禽养殖业 COD、总氮、总磷的排放量分别为 $1\,268.26\times10^7$ kg、102.48×10^7 kg 和 16.4×10^7 kg。而近年的污染源普查对规模化畜禽养殖场的污染物核算做出了调整(图 10.3),调查数据显示畜禽养殖污染物的排放量在全国污染物总排量的占比有所上升,畜禽养殖污染物减排已不容小觑(王道坤,2014)。

畜禽养殖业由于其投资不高、见效速度快,现在已成为我国小农经济体系下农民增加收益并达到致富的一种渠道。而畜禽产业发展所产生的问题涉及了环保、农业等方面。畜禽养殖业环境问题也已经成为妨碍产业本身健康发展的重要因素。其造成的污染主要集中在粪便污染、水质污染、大气污染、生物污染四个层面,并且与人们赖以生存的生活环境息息相关(金书秦 等,2018)。具体阐述如下:

(1)粪便污染 目前畜禽养殖产生了大量粪便,畜禽粪便中本身及其分解所产生的大量硫化氢、氮、磷和氨苯有机污染物以及大量病原菌对周围环境造成了污染、水体富营养化和疾病传播。并且畜禽养殖场(户)环境意识差,畜禽粪便随意堆放,因此畜禽粪便成为继工业污染、生活污水垃圾污染之后的第三大污染源,是造成农村环境污染的主要原因。

(2)水质污染 养殖场对水体的污染与粪便污染有极大的相似性。它又分为有机物污染、微生物污染、有毒有害物污染。养殖污水若不经过无害化处理直接排放到沟渠或者开放水域里,极易造成水体富营养化污染。污水对周边农民的生产生活带来极大不良影响,并对农村的一些水源地产生不可逆的损伤。

(3)大气污染 畜禽粪便经过发酵后会产生大量的氨氮、硫化氢、粪臭素、甲烷等有害气体,这些气体不但会破坏生态,而且会直接影响人类健康。有害气体引起诸多呼吸道疾病的同时,还威胁着养殖场的安全,更危及养殖场员工和居民的身体状况。

(4)生物污染 粪便含有大量的病原微生物和寄生虫卵,如不及时处理就会滋生蚊蝇,使环境中病原种类增多、菌数增加,使病原菌和寄生虫蔓延,引起人畜共患病的发生,危害人畜健康。如近年来发生的禽流感、猪流感、手足口病等人畜共患疾病,与畜禽粪便污染造成的恶劣环境不无关系。

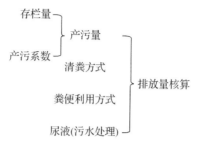

图 10.3　污染物排放量核算组成图

　　畜禽养殖业环境保护滞后,畜禽养殖废弃物资源的浪费,也直接妨碍产业综合效益的提高,也违背了国家"绿水青山就是金山银山"的发展理念(吕红,2015)。所以畜禽养殖产业若想要提升效益,就必须走综合利用,循环利用的道路,走生态化、循环化、资源化的道路。我国在《条例》出台后,继续对畜禽养殖污染防控进行了不断探索和思考。2015 年出台的《水污染防治行动计划》(简称《水十条》)与2019 年出台的《排污许可证申请与核发技术规范　畜禽养殖行业》,同样通过立法制定规范的手段继续对畜禽养殖进行约束与指导。其中,后者规定了畜禽养殖行业排污单位排污许可证申请与核发的接班情况填报要求等,剔除了畜禽养殖行业污染防治的可行可用的技术要求。从我国畜禽养殖污染防控管理的发展流程,可以看出我国以生态文明建设的精神理念为指导,引领我国现代畜禽产业、生态农业发展,推动产业发展走绿色农业、循环农业和低碳农业的路子,采取全过程管理的思路,对产业的布局选址、环评审批、污染防治配套设施建设等前置环节做出了规定,对废弃物的处理方式、利用途径等环节做出了规定。为推动将综合利用作为防治畜禽养殖污染的根本手段,《条例》还特设专章对综合利用的激励措施做出了规定,如对污染防治和废弃物综合利用设施建设进行补贴、对有机肥购买使用实施不低于化肥的补贴等优惠政策、鼓励利用废弃物生产沼气以及发电上网等。这些规定,贯彻落实了生态文明制度建设的要求,将从根本上对提高畜禽养殖废弃物综合利用水平、实现以环境保护促进产业优化和升级、促进实现畜禽养殖产业发展与环境保护的和谐统一提供有力的制度保障。同时《条例》就加强畜禽养殖环境保护监管做出了系列规定,包括新改扩建畜禽养殖项目要依法进行环评;养殖场和小区报批建设的环节需要在环评文件中明确废弃物的处理措施;要建设与其产能规模相适应的废弃物贮存、雨污分流等污染防治设施,未建设、建设不合格或不能正常运行的不允许投产和使用;粪肥、沼渣、沼液还田要考虑土地消纳能力,严禁随意处置畜禽尸体等。

环境保护是当下社会面临而又必须解决的问题,从世界各国的畜牧业发展的经验可以看出,养殖规模化、集约化是中国养殖的发展趋势,养殖发展导致大量畜禽废弃物产生,只有通过综合利用,变废为宝,才能让畜禽养殖业得到可持续的发展。《畜禽规模养殖污染防治条例》(以下简称《条例》)正是环境保护与畜禽养殖业发展的有力保障(李庆康 等,2000)。

10.2 省市对畜禽养殖污染防控管理办法——以畜禽养殖场建设为例

《条例》第二条指出:本条例仅适用于畜禽养殖场、养殖小区的养殖污染防治。其中附则中第四十三条的具体阐述如下:畜禽养殖场、养殖小区的具体规模标准由省级人民政府确定,并报国务院环境保护主管部门和国务院农牧主管部门备案。同时针对畜禽养殖场的建设,国家要求的一般原则为:畜禽养殖场应提交年度执行报告与季度执行报告,地方生态环境主管部门需根据环境管理需求,可要求养殖场提交月度执行报告。而对于具体的养殖场建设前后的措施,并没有进行明确的规定。此条也再度证明了条例仅为大方向的限制与框定,而更具体的标准与管理办法可由各省市根据实际情况进行合理裁定,并上报国家相关环境保护部门。

以广州市为例,广州市人民政府关于印发《广州市畜禽养殖管理办法的通知》(以下简称《办法》)(穗府规〔2020〕10号),其是由《中华人民共和国畜牧法》《中华人民共和国动物防疫法》和《畜禽规模养殖污染防治条例》制定的。《办法》共由二十七条项目组成,对广州市的畜禽养殖管理做出了规定。《办法》第二条说明了办法的适用范围,具体表述如下:本市行政区域范围内畜禽养殖场(小区)的建设、畜禽养殖、养殖废弃物资源化利用及其相关的监督管理活动,适用本办法;本办法所称畜禽是指在人工饲养条件下,以经济利用为目的的陆生动物,包括猪、牛、羊、兔、鸡、鸭、鹅、鸽等由国务院畜牧兽医行政主管部门公布的畜禽遗传资源目录中的动物;畜禽养殖规模标准按照省的规定执行;规模标准以下的为畜禽散养户;法律、法规对观赏、实验动物和宠物等畜禽的饲养管理另有规定的,从其规定。从办法中的第二条不难看出,广州市人民政府对畜禽养殖场的规模进行了规定——按照省的标准执行。同时,若商户、百姓希望在本市的行政区域范围内从事生产经营,按照办法第七条所述则需要依法进行市场监督管理、民政等登记注册的畜禽养殖场(小区),并且需要取得相关登记证书。

　　不仅如此,新建畜禽养殖场同样应当符合土地利用总体规划、城乡规划、防疫条件、环境保护、公共卫生等要求。建设前应当编制养殖场建设方案(包括场区边界范围、场区布局平面图、设计最大养殖存栏规模、生产设施与工艺设计、动物防疫设施、病死畜禽无害化处理设施、配套养殖废弃物收集和贮存设施及处理措施等),同时需要经镇人民政府(街道办事处)同意并依法办理相关手续后,方可开工建设。镇人民政府(街道办事处)在办理过程中应当征求所在地农村集体经济组织或村民委员会意见(马杰华,2014)。咨询具体项目见图10.4。

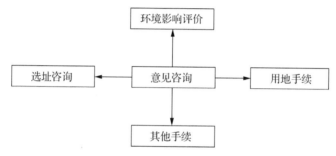

图 10.4　养殖场建成前所需的意见咨询

　　(1)选址咨询　畜禽养殖场(小区)可以向所在的区农业部门提出选址咨询。区农业部门牵头,征求区国土规划、环境保护、林业、水务等相关部门对养殖场选址的合法性、合规性意见,各部门应当于 10 个工作日内回复意见并明确需向本部门申请办理的手续,由区农业部门综合意见后出具选址咨询答复意见,并抄送所在地镇人民政府(街道办事处)。

　　(2)用地手续　畜禽养殖场(小区)建设前,应当按照规定办理设施农用地备案手续。用地涉及使用林地和采伐林木的,应当依法办理林业部门审批手续;涉及占用水域或者应当编制水土保持方案的,应当依法办理水务部门审批手续;设施建设涉及非农建设的,应当依法办理农用地转用审批手续。

　　(3)环境影响评价　畜禽养殖场(小区)建设项目应当按照《中华人民共和国环境影响评价法》、《建设项目环境影响评价分类管理名录》(环境保护部令第 33号)、《建设项目环境影响登记表备案管理办法》(环境保护部令第 41 号)有关规定执行环境影响评价制度。需编制环境影响报告书的,应当在开工建设前报有审批权的环境保护部门审批;需填报环境影响登记表的,应当在建成并投入生产运营前完成网上备案。畜禽养殖场（小区）建设项目在建设和运营过程中应当按环境影响评价文件的要求落实各项环境保护措施，防止环境污染和生态破坏。

（4）法律、法规、规章规定的其他应当办理的手续　对未经镇人民政府（街道办事处）同意，未办理设施农用地备案手续，擅自占用土地建设养殖设施饲养畜禽的，由所在地镇人民政府（街道办事处）和国土规划部门依法处理。

在新（扩）建畜禽养殖场（小区）建设竣工后，应当依法办理以下手续，见图10.5。

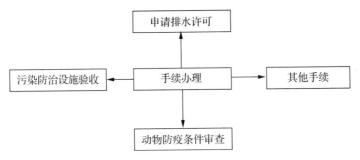

图10.5　养殖场建成后所需的手续办理

（1）污染防治设施验收　按照规定需办理污染防治设施验收的，应当向环境保护部门申请验收。按照环境保护部关于印发《排污许可证管理暂行规定》的通知（环水体〔2016〕186号）、《广东省控制污染物排放许可制实施计划》规定应当取得排污许可证的，应当向环境保护部门申请并取得排污许可证。未取得排污许可证的，不得排放污染物。

（2）动物防疫条件审查　畜禽养殖场（小区）应当按规定向所在区农业部门申请办理取得《动物防疫条件合格证》。

（3）位于公共污水管网覆盖范围的畜禽养殖场（小区）涉及排水需办理排水许可的，应当按规定向水务部门申请办理。

（4）法律、法规、规章规定的其他应当办理的手续。

除了以上关于养殖场的内容，概括来讲，广州市政府所出台的《广州市畜禽养殖管理办法》（以下简称《办法》）主要有以下几个方面内容：

（1）禁养区内禁止从事畜禽养殖业　《办法》规定，各区人民政府应依法科学划定禁养区。禁养区内禁止从事畜禽养殖业。禁养区划定前已建成的畜禽养殖场所，由区人民政府依法组织实施关闭或搬迁，并依法给予补偿。

（2）明确畜禽养殖场（小区）应具备的条件　建设畜禽养殖场（小区）应位于非

禁养区,并具备与饲养规模相适应的生产场所、配套生产设施、有为其服务的畜牧兽医技术人员、符合动物防疫条件、配套有畜禽养殖废弃物收集贮存处理利用设施以及符合环保要求的病死畜禽无害化处理设施等条件。并规定从事畜禽生产经营,依法应当进行市场监督管理、民政等登记注册,应取得相关登记证书。

（3）严格新(扩)建畜禽养殖场(小区)管理　规定新(扩)建畜禽养殖场(小区)应当符合土地利用总体规划、城乡规划、防疫条件、环境保护、公共卫生等要求。建设前应编制养殖场建设方案经镇政府(街道办事处)同意,并依法办理设施农用地备案(涉及使用林地或占用水域等的,应取得相关部门审批手续)、环境影响评价等手续后方可开工建设。建设完成后,依法应办理污染防治设施验收、排污许可证以及动物防疫条件合格证等的,应依法申请取得。

（4）明确畜禽生产经营者主体责任　明确了畜禽生产经营者是畜禽养殖污染防治、畜禽产品质量安全、病死畜禽无害化处理第一责任人,强化主体责任,加强源头治理。

（5）明确畜牧业鼓励发展方向　支持畜牧种业,鼓励畜禽养殖企业向养殖、加工、销售一体化、品牌化发展,引导和推进畜禽养殖向规模化、标准化、生态化发展。发展畜牧业总部经济,鼓励本地企业做大做强。

（6）现有非禁养区畜禽养殖场(小区)应完善配套相关设施和手续　本办法实施前已建成的非禁养区内的畜禽养殖场(小区),应当按照相关法律法规规定,限期完善配套相关设施和手续。

（7）将畜禽散养户纳入管理,保护农村生态环境　由各区人民政府结合畜牧业实际组织制定本办法的实施细则,加强对畜禽养殖(包括畜禽散养户)监督管理。并组织指导各村民委员会将畜禽散养户纳入村规民约管理,保护农村生态环境,保障农村干净、整洁、平安、有序。

10.3　畜禽养殖业清洁生产模式研究

20世纪60年代以来,为了减小经济发展对环境所带来的压力,各国(主要是发达国家)率先开始了应对环境污染与"公害"的挑战,大量采取了在污染产生后治理污染的末端控制措施,通过各种方式和手段对生产过程末端的废物进行处理,这就是所谓的"末端治理"。但是,末端治理作为传统生产过程的延长,不仅需要投入昂贵的设备费用、惊人的维护开支和最终处理费用,还要消耗大量资源、能源。特别是很多情况下,这种单一的污染治理方式还会产生二次污染,因而难以从根本上消除污染,还会继续对人类和环境产生影响和威胁。对传统基于"末端治理"的环境污染控制模式实践的反思,直接导致并促进清洁生产系统的形成及其大规模的实践。联合国环境规划署(UNEP)于 1989 年提出了名为"清洁生产"(Cleaner Production,意为"不断清洁的生产")的战略和推广计划,在联合国环境规划署(UNEP)、联合国工业发展组织(UNIDO)及其联合国开发计划署(UNDP)的共同努力下,清洁生产正式走上了国际化的推行道路(张俊安,2017)。

我国《中国 21 世纪议程》中关于清洁生产的定义是:既可满足人们的需要又可合理使用自然资源和能源并保护环境的实用生产方法和措施,其实质是一种物料和能耗最少的人类生产活动的规划和管理,将废物减量化、资源化和无害化,或消灭于生产过程之中。同时,对人体和环境无害的绿色产品的生产亦将随着可持续发展进程的深入而日益成为今后产品生产的主导方向。而在新颁布的《中华人民共和国清洁生产促进法》中关于清洁生产的定义是:不断采取改进设计、使用清洁的能源和原料、采用先进的工艺技术与设备、改善管理、综合利用等措施,从源头削减污染,提高资源利用效率,减少或者避免生产、服务和产品使用过程中污染物的产生和排放,以减轻或者消除对人类健康和环境的危害。《中华人民共和国清洁生产促进法》关于清洁生产的定义,借鉴了联合国环境规划署的定义,结合我国实际情况,表述更加具体、更加明确,便于理解。

清洁生产概念包含四层含义:一是清洁生产的目标是节省能源、降低原材料消耗,减少污染物的产生量和排放量;二是清洁生产的基本手段是改进工艺技术、强化企业管理,最大限度地提高资源、能源的利用水平和改变产品体系,更新设计观念,争取废物最少排放及将环境因素纳入服务中去;三是清洁生产的方法是排污审计,即通过审计发现排污部位、排污原因,并筛选消除或减少污染物的措施及产品生命周期分析;四是清洁生产包含两个全过程控制,即生产全过程和产品整个生命周期全过程。清洁生产谋求达到两个目标:一是通过资源的综合利用、短缺资源的代用、二次资源的再利用以及节能、节料、节水,合理利用自然资源,减缓资源的耗竭;二是减少废料和污染物的生成和排放,促进工业产品在生产、消费过程中与环境相容,降低整个工业活动对人类和环境的风险。清洁生产的终极目标是保护人类与环境,提高企业自身的经济效益。

清洁生产主要有"减量化""无害化""资源化"等措施,以此为基础,清洁生产有以下三种模式:科学的设计规划和环境管理模式、畜禽养殖业清洁生产无害化处理模式以及畜禽养殖业清洁生产综合利用模式(文建国 等,2010)。

10.3.1 科学的设计规划和环境管理模式

加强设计规划和强化法规措施,促使大中型畜禽场有序管理,对新建的畜禽场进行合理选址,养殖场应远离环境敏感区,如水源区、河流上游地区、上风向区、自然保护区、风景旅游区等。同时养殖场的选址应考虑在有一定的坡度、排水良好的地方。注意控制其发展规模和速度,严格掌握单位耕地面积饲养量,一般认为,畜牧生产点畜禽饲养量不应超出:奶牛 200 头,肉牛 1 000 头,生猪 5 000 头,蛋鸡 7 000 只。同时加强畜牧业环境保护法规建设,对畜禽场布局、污染处理设施、废物排放标准给予明确规定,建立一整套适合当地实际情况以节约资源、防治污染、消除公害的法律体系。

以攀枝花市为例,2008 年攀枝花市畜禽养殖共产生粪便 236.18×10^7 kg,尿 147.16×10^7 kg,合计排泄粪尿量 383.34×10^7 kg。畜禽粪便污染已成为该市生态环境保护所面临的严重问题。畜禽排泄物中比例最大的是牛粪尿,占 40.76%,表明随着牛肉及牛乳制品需求的增加,迅速发展的养牛业成为全市最大的畜禽污染源。养猪业产生的粪尿占 32.57%,居第二位,加上猪粪尿的处理难度大,因而养猪业仍是全市畜禽污染治理的重点,羊粪尿占总量的 22.11%,家禽粪占总量的 4.55%。

2008 年攀枝花市畜禽养殖业甲烷气体释放总量为 $1 717.83 \times 10^7$ kg,其中养牛业对甲烷气体的排放作用最大,占总量的 46.81%,其次为养猪业,占总量的 31.01%,养羊业,占总量的 21.40%。从畜禽养殖业的发展状况分析,今后几年内畜禽养殖业甲烷气体释放总量仍将呈增长趋势。另外,畜禽粪便也是大气中氨的重要排放源,大约占到了全球氨气排放的 1/2 以上,因粪便中大量氨逸散所产生的酸沉降大约占到 55%。减少畜禽养殖业中废气排放对控制大气环境污染意义重大。

科学的环境管理包括制定各项制度(用水定量制度、饲料管理方法、卫生防疫制度、相关的奖惩制度),加强废水治理设施管理和环境卫生管理等,以提高工作效率、减少浪费、鼓励技术创新和进步。从而产生良好的经济效益和环境效益。对于攀枝花市而言,从源头控制畜禽的各种污染排放物,制定相关法律法规迫在眉睫,传统养殖方法急需改进,只有实现科学设计与规划,才能达到清洁生产的要求。

10.3.2　畜禽养殖业清洁生产无害化处理模式

1）粪便的无害化处理

目前,国内外处理粪便的主要方法包括干燥法、除臭法和生物处理法等。干燥法是利用太阳能、化石燃料或电能将畜粪水分除去,并利用高温杀死畜粪中的病原菌和杂草种子等。主要有日光干燥法、高温干燥法、烘干膨化干燥和机械脱水干燥等。除臭法是通过向畜粪中添加化学物质、吸附剂、掩蔽剂或生物制剂等消除臭气和减少臭气释放。生物处理法主要有厌气处理和制取沼气、高温堆肥法。

2）污水的无害化处理

污水处理,就是采用各种技术和手段,将污水中所含的污染物质分离去除、回收利用或转化为无害物质,使水质得到净化。目前常用的污水处理方法很多,可归纳为物理处理、化学处理、生物处理等。由于畜禽养殖业目前仍属弱势产业,其污水处理缺乏投资,因此污水的净化处理应根据养殖种类、养殖规模、清粪方式和当地的自然地理条件,选择合理、适用的污水净化处理工艺和技术路线。尽可能采用自然生物处理的方法,降低污染处理运行成本,达到回用标准或排放标准。

3）畜禽养殖废渣存储、运输的无害化处理

畜禽养殖废渣指畜禽养殖场养殖过程中产生的畜禽粪便、畜禽舍垫料、废饲料及散落的羽毛等固体废物。畜禽养殖场产生的畜禽粪便应设置专门的贮存设施,其恶臭及污染物排放应符合《畜禽养殖业污染物排放标准》在建设传输、储存、处理设施时,选址至关重要,储存设施的位置必须远离各类功能地表水体(距离不得小于400 m),并应设置养殖场生产及生活管理区的常年主导风向的下风向。应采取有效的防渗处理工艺,防止畜禽粪便污染地下水。按照《畜禽养殖业污染防治技术规范》的要求,对于种养结合的养殖场,畜禽粪便贮存设施的总容积不得低于当地农林作物生产用肥的最大间隔时间内本养殖场所产生的粪便的总量。同时,贮存设施应设置顶盖等防止降雨(水)进入。

10.3.3　畜禽养殖业清洁生产综合利用模式

1）土地利用模式

畜禽粪便还田应当作为处理和利用畜禽粪便的主要途径,尤其是非规模化养殖的畜禽粪便。土地消化是利用畜禽粪便与垫草、秸秆等按一定比例通过堆肥处理,使畜禽粪便腐熟后,形成安全、稳定的高品质有机肥料,用以农作物施肥。还田利用时要注意农田的承受能力,否则会造成农田污染。对高降雨区、坡地及沙质容易产生径流和渗透性较强的土壤,不宜施用粪肥,否则易使粪肥流失引起地表水或地下水污染。

2)饲料利用模式

畜禽粪便虽然含有丰富的营养成分,但是一种有害物的潜在来源。主要的技术难题是饲料的安全性。主要包括病原微生物、化学物质、有毒金属等。所以必须经过某些技术处理,同时应使其便于储存、运输。技术处理方法一般有高温快速干燥法、分离法等。

3)沼气利用模式

利用厌氧发酵法将畜禽粪便污水进行发酵,产生沼气是目前畜禽养殖业废弃物无害化处理、资源化综合利用最有效的方法。不仅可以提供清洁的新能源,而且可以达到资源的多级利用,即"三沼"的综合利用。沼气可以直接提供能源,沼液可直接肥田、养鱼,沼渣可制作高效优质有机肥等。通过"沼气"这一环节,把种养联系起来,形成一个物质多层次、高效利用的生态农业良性循环系统。

4)达标排放模式

对于那些耕地少、土地消纳量小,不具备沼气发电或生产有机肥条件,而又必须就地发展畜禽养殖业的区域,则须建设污水处理工程。对集约化养殖场产生的废水进行工程化处理,实现达标排放,产生的固体废弃物应按照有关法规、标准综合利用生产有机肥或进行减量化、无害化处理和处置。

10.4　畜禽养殖业清洁生产的国际经验

畜禽养殖业环境污染是世界各国都面临的问题,各个国家都经过先污染后治理这个阶段。早在20世纪60~70年代,世界上许多畜牧业发达的国家和地区就出现了畜禽粪便污染问题,在畜禽高度密集的地区,畜禽废弃物已成为主要的环境污染源。

许多发达国家在长期的环境污染防治管理过程中积累了一定的经验。对于畜禽养殖业的污染防治,发达国家主要是通过立法管理和简单利用来限制污染物的排放,大体分为以美国、加拿大为代表的农田利用,以欧盟为代表的农田限养和以日本为代表的达标排放等。

10.4.1 美国、加拿大模式——农田利用

美国是世界上水体防治水平最高的国家之一,其科学的管理措施对我国畜禽养殖污染防治仍具有重要的借鉴意义。高度规模化是美国畜禽养殖的一大特点,2005年,奶牛养殖场的规模大都超过1 000头,80%的生猪养殖场规模都在1 000头以上,其中30%超过5 000头;畜禽养殖机械化程度高,其喂食、清洁等全部交由机械完成;畜牧业快速发展的同时,环境保护的工作也很到位,1990年针对100家牛场的调查中发现,有75%建设了人工粪池,73%进行了水体治理,42%进行了草场植树;充分发挥民间协会的力量,帮助政府推广环保计划,为农民提供信息和技术培训资助。实行点源和非点源结合是美国畜禽养殖的另一大特点,通过立法对养殖业的污染方式进行划分,设有专门的管理部门,对点源污染进行调控;政府通过各项污染防治计划、示范项目及生产者的综合素质教育等措施,对非点源层层把关,达到对养殖废物科学合理的利用;在环境保护方面形成了联邦、州和地方三级环境保护政策体系,并通过教育和培训提高各阶层养殖人员的生存竞争能力,为他们提供资金的支持,不仅解决了由于资金不足导致的经营中断,而且提高了养殖者的积极性;通过农牧结合来防治养殖污染,在农场内部形成"饲草、饲料、肥料循环"的体系,合理利用废物以提高土壤的肥力,还解决了环境污染的问题。

美国主要通过严格细致的立法从源头防治养殖业污染。立法将养殖业划分为点源性污染和非点源性污染进行分类管理。在1977年的《清洁水法》里将工厂化养殖业与工业和城市设施一样视为点源性污染,排放必须获得国家污染减排系统许可。明确规定超过一定规模的畜禽养殖场建场必须报批,获得环境许可,并严格执行国家环境政策法案。非点源性污染(散养户)主要是通过采取国家、州和民间社团制订的污染防治计划、示范项目、推广良好农业规范、生产者的教育和培训等综合措施,科学合理地利用养殖业废弃物。同时,美国十分注重利用农牧结合来解决养殖业的污染问题。养殖业规模决定着种植业结构的调整,种植业面积反过来调节养殖数量,使得养殖业与种植业之间在饲草饲料、农作物和肥料3个物质经济体系间相互促进、相互协调,养殖场的动物粪便或通过输送管道或直接干燥固化成有机肥归还农田,既防止环境污染又提高了土壤的肥力。要求畜牧企业规模与土地面积相适应,即牲畜的饲养规模应该与农场主拥有的土地面积相适应,以保证生产者有足够的土地用于处理牲畜粪便。此外,美国十分重视经济手段的作用,畜禽

场需要缴纳环境污染费用;部分州政府规定养猪者在修建猪舍之前预先交付一定数量的费用,保证金的多少根据畜禽场标准畜牧单位的多少决定,用于治理由环境污染可能带来的破坏后果。

10.4.2　欧盟模式——农田限养

欧盟是工业化最先起步的地区,在第二次世界大战后过度追求经济效益,无科学的养殖计划、经营模式单一及过于集中放牧,导致环境污染的问题非常严重。在意识到环境保护的重要性后,欧盟出台了一系列政治法规,如实施了共同农业政策(CAP)和良好农业规范(GAP),在提高农民生活质量的同时,也改善了地方环境质量。在欧盟颁布的《饮用水指令》(1980)、《硝酸盐指令》(1991)和《农业环境条例》(1992)中,确定了饮用水中污染物的浓度标准,要求各成员国必须采取行动控制养殖废物产生的污染;采取经济奖励,鼓励粗放式放牧,通过减少放牧量、养殖适宜的品种、减少化肥的使用量来减轻环境的负担。欧盟对于畜禽养殖污染的治理态度是一致的,但欧盟各个国家在控制污染的过程中所实施的具体策略是有差异的。

20世纪90年代,欧盟各成员国通过了新的环境法,规定了每公顷动物单位(载畜量)标准、畜禽粪便废水用于农田的限量标准和动物福利(圈养家畜和家禽密度标准),鼓励进行粗放式畜牧养殖,限制养殖规模扩大,凡是遵守欧盟规定的牧民和养殖户都可获得养殖补贴。

法国的养殖业污染问题也十分突出,法国国家有关管理部门颁布了一系列的条文和规定,包括限制农场主的养殖规模。环境保护部规定了扩建畜禽场的特定区域,禁止在土地上直接播撒猪粪,防止污染空气和水源。法国的农业部和环境保护部共同颁布了《农业污染控制计划》(PCPAO),规定了养殖业生产状况的调整以及对氮、磷肥施用的限制。

德国在养殖业发展比较集中的地区存在一些环境问题,主要包括畜禽粪便对地下水、空气和土壤的污染,为此德国颁布了《回收利用与(养殖业)粪便法》(1994)和《肥料法》,规定了粪便回用于农田的标准,而且规定畜禽粪便不经处理不得排入地下水源或地面,凡是与供应城市或公用饮水有关的区域,每公顷土地上家畜的最大允许饲养量不得超过规定数量:牛3~9头、马3~9匹、羊18只、猪9~15头、鸡1 900~3 000只、鸭450只。

荷兰作为欧盟畜禽养殖产业及环保政策的主要决策参与者,在污染防治、清洁生产、循环发展政策管理上形成了先进的理念和经验。从 20 世纪七八十年代起,荷兰陆续颁布实施了一系列法律法规,有效遏制了环境的恶化。从 1984 年起,荷兰不再允许养殖户扩大经营规模,并通过立法规定每公顷 2.5 个畜单位的标准,超过该指标农场主必须缴纳粪便费。鞭策性监管政策覆盖动物生产、物质流通、治污设施、施肥控制等各个方面,明确限定了每单位动物每年的氨气最大排放量,并要求粪污存储设施必须密封以阻止氨气泄漏;减少动物粪便贮存流失量,在适当耕作季节施粪肥;制定氮肥施入标准,减少施肥操作损失量,合理供给作物的养分。推行积极稳健的引导性财税政策,运用财政资金和补贴支持来刺激研究机构、企业和高校的研究积极性,使得创新技术和优质高效环保管理得以发展和实施。强化落实"以地定畜、种养结合"的畜禽养殖污染防治理念,以因地制宜的养殖方式,在一定区域内实现了种养平衡。优化废弃物中营养物质的综合利用技术,结合精细化管理和全程化的管控手段,实现高产、高效、低污染的目标。

丹麦除了遵守欧盟出台的各种政策法律法规外,还深度规范了本国的管理措施和执行标准。严格的法律法规约束手段和多种政策鼓励措施相结合,对畜禽养殖废弃物进行管理。由于不同的土壤对有机物的消纳额度不同,不同作物生长过程不同阶段需要的养分也不同,因此丹麦对于粪便的施用量和时间进行了严格的限定。中小型畜禽养殖场将种植业和养殖业有机结合,其中作物肥料和灌溉用水来自无害化处理后的畜禽粪便和冲洗废水,这在减少经营成本的同时,保持了种养平衡。在最初的农场规划中,为保证畜禽排泄物远离水源,要对土壤、坡度及环境风险等做细致的评估规划;运用多元化的管理渠道,注重在源头控制废弃物的排放,采取改变原料或通过先进技术达到减排的效果。在生态补偿机制方面,尊重农民的意愿,提供丰厚的经济补贴,让农民不仅愿意配合政府,还能够积极响应政府的号召。

10.4.3　日本模式——达标排放

日本的畜禽养殖业的清洁生产模式为达标排放型。20 世纪 70 年代,日本养殖业造成的环境污染十分严重,此后日本便制定了《废弃物处理与消除法》《防止水污染法》和《恶臭防治法》等 7 部法律,对畜禽污染防治和管理做了明确的规定。例如,《废弃物处理与消除法》规定,在城镇等人口密集地区,畜禽粪便必须经过处理,处理方法有发酵法、干燥或焚烧法、化学处理法、设施处理等。《防止水污染法》则规定了畜禽场的污水排放标准,即畜禽场养殖规模达到一定的程度(养猪超过2 000头、养牛超过800头、养马超过2 000匹)时,排出的污水必须经过处理,并符合规定要求。《恶臭防治法》中规定畜禽粪便产生的腐臭气中8种污染物的浓度不得超过工业废气浓度。

日本政府对畜禽养殖业的投入机制比较成熟,经济上的资助与科研上的投入有利于畜禽养殖业的持续发展。达到一定规模的畜禽养殖者在购置农用机械、设置污染防治设施以及进行污染治理上会得到政府的补贴,50%的费用来自中央政府,25%的费用来自都、道、府、县,剩下25%的费用可以从金融机构贷款,大大减轻了畜禽养殖者进行污染防治的经济压力。在治理畜禽粪便的科技研究投入方面,中央政府和地方政府拨给公立科研机构的研究经费超过了国内农业生产总值的2%,对民间科研经费的投入占全国科研经费的2/5。日本农林水产局指导畜禽养殖业的发展与污染治理工作,要求畜禽养殖场设置污染防治设施,促进畜禽养殖户与种植户的互动与合作,利用土地的容纳能力消解畜禽粪便。农林水产局会补助与畜禽环境保护相关的项目,如改善畜禽经营的环境项目、实现畜禽粪尿处理的新技术利用项目、防治畜禽环境污染的对策项目、促进畜禽业合理布局的项目等。

日本重视行业组织制度建设,形成了现代化的产业组织体系。日本的畜禽养殖业与美国、加拿大相比生产规模较小,主要以家庭式的经营方式为主。但是这种分散式的经营并没有影响体系化与组织化的发展,因为各种畜禽养殖行业协会及互助合作组织将畜禽养殖的整个过程与每个环节有机地结合在一起,形成了力量强大的组织体系。各种类型的行业协会与合作组织为内部成员提供畜禽养殖与污染防治的咨询与服务,包括科学的养殖知识、先进的污染防治经验、可靠的市场供求信息、生产行为的指导、销售的渠道与途径等。在行业协会与合作组织的指导与协调下,单个畜禽养殖者将饲养、加工、销售、流通以及污染防治的行为纳入整个行业的组织体系中,这种现代化的产业组织体系可以节约各方面的成本支出,增加养殖者的经济收益,引导整个行业健康发展。

10.5 本章小结

本章是对畜禽养殖污染防控管理的概述,通过对我国畜禽养殖污染防治的发展进行回顾,总结了各个阶段所存在的不足之处。如在出台《畜禽养殖污染防治管理办法》时,虽然定制了一系列适宜我国畜禽养殖情况的办法,但是由于立法效力的不足,该办法无法对我国的畜禽养殖环境进行有效改善和提升。针对不足之处,国家后续所出台的一系列标准、规范,以及在 2014 年出台的《畜禽规模养殖污染防治条例》对早期立法的缺陷进行了不断修订与补充。为了响应国家的号召,各个省市也对相对应的地区制定了管理办法,如广州市印发的《广州市畜禽养殖管理办法》起到了很好的响应作用。在全国范围内的畜禽养殖业不断发展壮大的前提下,如何解决发展和环境保护两者的平衡是当下社会面临而又必须解决的问题。而发达国家的畜禽业发展也给予了我国不少值得借鉴的经验:通过综合利用、循环发展,将畜禽养殖业产生的废物变废为宝,方可使畜禽养殖业得到可持续的发展。同时考虑以清洁生产为主线,介绍了畜禽养殖业清洁生产的三种模式,以及其他国家对于清洁生产的有关经验。清洁生产针对末端处理的一些问题,例如消耗大量资源能源、易产生二次污染、需要昂贵的设备与维修费用等进行了改进提高,顺应了国内市场的需要以及突破"绿色"壁垒的需要,强调预防为主、全过程控制,从源头控制污染物的产生。

11 畜禽养殖污染防治案例分析

11.1 畜禽养殖污染防治原则

我国自 2014 年以来,在中央人民政府加快推动生态文明建设的背景前提下,所出台的新《中华人民共和国环境保护法》《畜禽规模养殖污染防治条例》《水十条》等法律法规中,不难得出对于我国,甚至全世界范围的畜禽养殖预防和控制,既要考虑到对环境进行保护,同时要继续推动畜禽业的发展,坚持"预防与防治相结合"的战略方针。同时政府考虑指导实施整体规划、合理布局、综合利用和激励制度;专注于减少源头污染,加强过程控制和最终管理。坚持整体规划,突出重点原则,支持县(市、区)的粪便处理和减少畜禽养殖污染排放。这样的做法既着眼于社会的长远发展,又突出当前污染治理。继续坚持全过程控制和生态循环的原则,按照全过程控制的要求,养殖户实施畜禽养殖粪便处理和利用的措施,将畜禽业转化为我国农业、经济结构的重要组成部分。畜禽业发展积极寻求以循环利用、节约高效的方式做优做强,实现产业化、规模化。坚持政府主导,市场运作的模式,积极获取财政支持,利用各类政策工具,调动金融机构扩大涉农信贷投放,引导社会资本投资建设,建立社会化服务组织,解决好制约畜禽养殖扩大规模、提高效益的问题(范敏其,2021)。

坚持无害化处理和资源、废物利用的原则,必须以无害的方式对待畜禽养殖业所产生的排泄物,同时把农业和化肥的利用放在重要地位。以科技带动综合利用的发展,考虑将污废进行处理转化为可以利用的有机肥,因此逐步建立起可持续发展、可重复利用的畜禽养殖模式。在畜禽养殖的薄弱环节,以科技为导向,加大对污废处理模式的创新力度,继续探索使规模扩大、对环境友好的种养模式。同时,必须明确的:由于地区的不同,养殖特点与污染情况也会不相一致,因此针对不同城市的不同情况,制定与完善一些具体的畜禽养殖管理方法势在必行。必须继续细化畜禽养殖业污染物的排放标准,出台更精细、更具体的防止养殖污染的法规(图 11.1)。

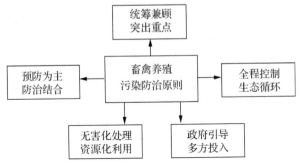

图 11.1　畜禽养殖污染防治基本原则

11.2　省市畜禽养殖防治案例——以福建省福州市为例

近年来,福州市持续支持现代化、规模化畜禽生产,取得积极成效。畜禽养殖产业不断向着集约化、规模化、现代化的方向迅速发展。同时随着农村建设的发展、农村产业结构的不断调整,物质文化生活需要日益增长,农村畜禽养殖的规模不断扩大,养殖村、大型养殖场和庭院式养殖不断涌现。同样的,随着人们生活水平的提高,对肉蛋奶等畜禽产品的需求量可以说是不断增长,政府大力扶持了畜牧业,福州市的畜禽养殖也得到了充分的发展。畜禽养殖在农业生产总产值中已占有相当的比重,且得益于生猪新增产能项目的落地投产,全市畜牧业产能持续回升。由福州市 2011 年 11 月出台的前三季度畜禽业统计得知:前三季度畜牧业完成产值 77.63 亿元,同比增长 14.6%。从产量方面看,全市肉蛋奶产量 25.24 万 t,增长 16.6%。生猪出栏 155.97 万头,增长 40.6%,季末生猪存栏 122.61 万头,增长 36.8%。福清、闽清和永泰蛋禽产业集群建设扎实推进,前三季度全市家禽存栏 1 149.87 万羽,增长 3.6%。禽蛋产量达 8.94 万 t,增长 5.4%。草食动物养殖结构持续调整,前三季度全市牛、羊、兔出栏 104.09×10^7 kg,增长 3.1%;季末牛、羊、兔存栏合计 74.44 万头(只),增长 2.2%;奶类产量 0.44×10^7 kg,增长 26.6%(陈茜迪,2013)。

而畜禽养殖业得到充分发展的同时,同样产生了大量的有机污染物和畜禽排泄物。这些污染物因为常常不能达到有效地处理而导致福州市环境污染日益严重。根据专家估算,一头猪的每日粪尿排放量大约为 5.3 kg,如果采用水冲式来清粪,一头猪的每日污水排放量大约达到 26.3 kg(表 11.1)。所以对于一座一万头猪的养殖场一年的粪尿排放量就将达到 1.9×10^7 kg,一年排放的污水量就能达到 9.6×10^7 kg。而对于一头牛的每日粪尿排放量大约为 30 kg,每日污水排放量大约为 150 kg。养殖场的污水具有负荷大、排放量大、固液混杂、氮磷比例失调等特点。若是不经过处理,必定会产生很大污染。

表 11.1　畜禽粪尿排泄量　　　　　　　　　　　　单位:kg

	项目	猪	牛	羊	鸡	鸭
粪	天排泄量	2.0	20.0	2.6	0.12	0.13
	年排泄量	398.0	7 300.0	950.0	25.2	27.3
尿	天排泄量	3.3	10.0	—	—	—
	年排泄量	656.7	3 650	—	—	—

目前来说,福州全市农业的污染源主要由畜禽养殖业、水产养殖业、种植业三部分污染源组成。其中畜禽养殖业和水产养殖业的化学需氧量(COD)排放量约占农业源总量的 67.5% 和 32.5%;畜禽养殖业、水产养殖业、种植业氨氮排放量约占农业源总量的 57.1%、21.9%、21%。全市畜禽养殖业共产生粪便 193.78×10^7 kg,规模化养猪场的污染物排放量是各种养殖场中最大的(表 11.2)。

表 11.2　畜禽粪尿中污染物平均含量　　　　　　　单位:kg/t

项目	COD	BOD	NH_3-N	TP	TN
猪粪尿	52.0	57.03	3.08	3.41	5.88
	9.0	5.0	1.43	0.52	3.30
牛粪尿	31.0	24.53	1.71	1.18	4.37
	6.0	4.0	3.47	0.40	8.00
羊粪尿	4.62	4.11	0.80	2.61	7.50
	—	—	—	1.96	14.0
鸡粪	45.00	47.87	4.78	5.37	9.84
鸭粪	46.30	30.00	0.80	6.20	11.00

未经过处理的污水,其中含有大量的污染物质,污染负荷很高。对于畜禽养殖业的高浓度污水,由于含氮量、含磷量较高,如果直接排入鱼塘或者江河湖泊中,容易造成水体水质污染。2003年至今,福州市各辖区先后发生了多起因为畜禽粪便随便排污,造成水体污染,直接导致水生养植物死亡的事件。其中对于闽侯县和福清市的淡水鱼养殖场发生的由粪便污染所造成的鱼类死亡事件尤为严重,给水产养殖户们造成了很大程度的经济损失。闽江流域的畜禽养殖业发展迅速,大多数集约化养殖场集中分布在流域的中上游,大牲畜养殖场主要分布于各支流的上游县市,猪和家禽的养殖场大多集中在中下游。近年来,畜禽养殖不断向闽江下游扩散,趋势明显。而福州位于闽江的下游,这段流域属于强潮汐河口感潮河段,穿过福州市中心区,承担着福州市的供水和纳污功能。由于闽江北港地区污染排放量大和潮汐作用使河口段污染物难以消除,可能会影响水源地水质。福州周边大量的养殖场所产生的污染物,使流域的局部区域养殖污染负荷过高。闽江口的河床下切严重,咸潮上溯加剧,受潮汐的影响污染物输送和扩散条件下降。

针对福州市现有的养殖业发展情况,政府考虑:积极推广生态养殖模式,发展有机农业。也就是通过综合的规划和相应配套的设计,对畜禽养殖业的粪便进行加工处理,使其变成肥料和沼气资源,重新加以利用。实行无废弃物、无污染的生产,尽量做到养殖业生产的"零排放",从而解决福州市的污染治理设施投资大、运行费用高的难题。积极推广各种标准化生态养殖模式,尽量减少农村散户或小规模养殖,对养殖专业大户进行扶持,建立大中型的规模化生态养殖场。因为有不同的养殖品种和农作物,并且市内各个地区的地貌和气候也不相一致,所以应该根据不同地理环境,在进行养殖防治设计的时候应该因地制宜,有针对性。此处介绍福州常用的三种污染防治模式:

1)"达标排放"环保型养猪模式

"达标排放"环保型模式适用于农林地面积较小的地区,并适用于其周边没有足够的吸纳沼液的农林地的中小型养猪场。这个模式的基本流程是:首先在养猪场中产生的粪污等排泄物,先经过干清粪和固液分离。然后集中的固体粪渣,在储粪池中进行堆沤发酵,接着通过加工制成有机肥,产生的污水则进入沼气池进行厌氧发酵。最后处理过的沼液经专门沉淀过滤、生物氧化塘中的吸纳降解处理,水质达到《畜禽养殖业污染物排放标准》后再进行排放(图11.2)。

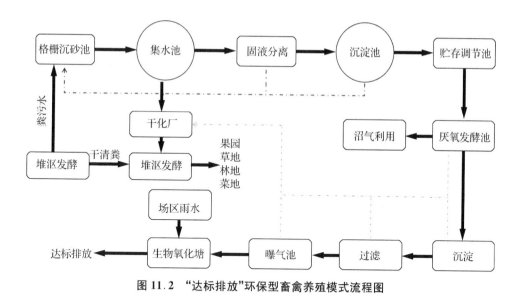

图 11.2 "达标排放"环保型畜禽养殖模式流程图

2) "畜禽—沼—果"生态型养猪模式

"畜禽—沼—果"模式,是一种以沼气建设为纽带,将生猪生产、果业或者蔬菜、食用菌、水产养殖等生产结合起来的,以户或者园区为单元,以山地、庭院等为依托的,采用先进的沼气工程技术,从而达到系统内能源、饲料、肥料良性循环利用的一种生产经营模式。这种模式的建造成本和运行费用都比较低。福州市的"猪—沼—果"生态模式分布主要有以下两个方面的特点:山区"猪—沼—果"生态模式;沿海"猪—沼—果"。

这个模式基本的生产流程是:养殖业中产生的粪尿,先经过干清粪和固液分离,然后产生的固体粪渣在储粪池中进行堆沤发酵,接着通过加工制成有机肥,再集中运输到种植区,作为果园、草地或竹林、树林的基肥、追肥。产生的污水则进入沼气池进行厌氧发酵,产生的沼气用于其他生产生活,液肥运输到种植区加以转化利用成肥料,这样不会对环境和水源造成污染(图 11.3)。

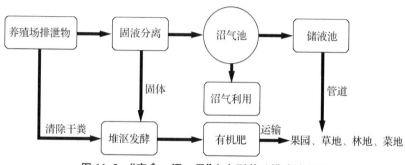

图 11.3 "畜禽—沼—果"生态型养殖模式流程图

3)"漏缝地面—免冲洗—减排放"的模式

近年来,福州市在一些新建或改建的大中型猪场中发展很快的一种环保型养殖模式是:"漏缝地面—免冲洗—减排放"模式。在这种模式下猪场可以不用水冲洗猪舍,能够减少猪场 70% 以上的污水排放量,从而很大程度地缓解了环境保护的压力。

而这个模式的基本生产流程是:在猪栏建设的时候,预先就把铁质的或者水泥的地面铺设成漏缝装,并且在地面下使用专门配套的管道沟渠进行引流。生产中,猪排出粪尿后,大部分干清粪采用人工处理,还有小部分剩余下的粪便,从地面铺设而成的漏缝中踩踏掉入漏缝下的管道沟渠中,在这个过程中不用水进行冲洗,等到地下的沟渠中的粪尿积累到一定量时再打开活塞,粪尿就会经过管道进入蓄粪池中。最后所产生的沼气可以用于其他生产生活,液肥通过其他种养结合模式加以转化利用(图 11.4)。

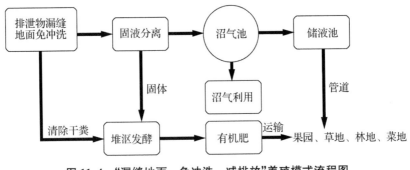

图 11.4 "漏缝地面—免冲洗—减排放"养殖模式流程图

11.3 畜禽养殖防治工程实例

11.3.1 抚仙湖径流区畜禽养殖污染防治工程

抚仙湖是我国最大蓄水量湖泊、最大高原深水湖、第二深淡水湖泊,属南盘江水系,湖平面呈南北向的葫芦形,流域径流面积 1 053 km²(含星云湖 378 km²),是我国目前少数贫营养湖的典型代表,并且在环境领域来说其独特的湖泊特点以及 I 类水质具有很高的科学价值和具有独特的代表性,是我国非常珍贵的淡水资源。

但是随着经济发展,流域周围城市不断扩张,工业、农业和旅游业都得到了不同程度的发展。这也直接导致了抚仙湖的水质呈现了下降的趋势,并且污染逐步扩散达到严重的程度。据政府调查分析,畜禽养殖污染成为抚仙湖水生态环境的主要污染源,其产生的生活污水、农田径流和人畜粪便是污染负荷的主要组成。抚仙湖的畜禽养殖方式带有我国的特色,基本上以小规模散户养殖为主。针对抚仙湖水质的污染情况和畜禽养殖方式的特点,进行了径流区的畜禽养殖污染防治工程建设(贺能琴 等,2015)。

针对抚仙湖的情况,工程考虑采用厌氧生物处理的方式,对畜禽养殖产生的废水进行处理:建设养殖小区小型和联户沼气池。

联合沼气的厌氧处理法杜绝了粪尿对环境造成污染,实现了沼液、沼渣综合利用(图 11.5)。与此同时减少径流区内种植业化肥、农药施用量,降低种植业非点源污染,促进生态循环农业发展,还可以解决养殖户的用能问题,减少了薪柴消耗,有效地保护森林资源,减少水土流失;引进微生物发酵床养猪,实现生猪养殖粪尿的原位“消纳”,实现粪尿零排放,对环境零污染负荷。工程的实施不仅能够改善养殖场区环境卫生,控制疫病流行,而且有效控制与削减流域畜禽养殖污染排放负荷,污染治理效果显著,避免了对环境的影响。

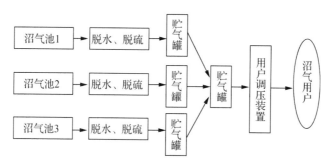

图 11.5 联户沼气流程示意图

11.3.2 泊头市某蛋鸡养殖地污染防治工程

该养鸡场概况如下所示:泊头市某养鸡场占地约 288 亩,于 2005 年进行投产,在养殖过程中所采用二阶段全封闭鸡舍饲养,单栋全进全出模式,设计规模为 24 万只蛋鸡。场区配置如下所示:分为防疫隔离带、生产区、生活区、办公区、粪污处理区。与上一工程案例不同的是,该鸡场采用好氧式处理方法,蛋鸡所产生的粪便采用槽式好氧发酵技术集中处理,并配有有机肥加工车间(刘双 等,2016)。具体的好氧废水处理工艺流程见图 11.6。

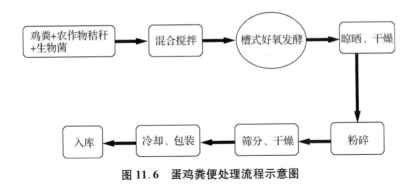

图 11.6　蛋鸡粪便处理流程示意图

具体阐述如下:将粪便与秸秆按 2:1 的比例进行充分混合后,将活化后的微生物用喷雾装置均匀地喷洒在混合物中,调节其水分含量。鸡粪经过好氧发酵后,运输到晾晒场进行干燥,在经过粉碎和筛分后进行二次干燥,制成优质的有机肥料,也实现了综合利用的原则。肥料用于粮食、蔬菜、水果等作物,既充分利用了鸡粪资源,又减少了环境污染。

11.3.3　保定市清苑区某养猪场污染防治工程

该养猪场具体概况如下:猪场位于保定市清苑区,总项目投资 3 000 万元,占地 130 亩,猪舍的具体建筑面积为 16 000 m^2,存栏的基础母猪为 600 头,年出栏无公害生猪 12 000 头,每年生产的猪粪约 5 100×10^3 kg(刘双 等,2016)。针对保定市的畜禽养殖规范标准以及实地情况,污染防治工程考虑采用发酵床养殖工艺流程,具体的流程见图 11.7。

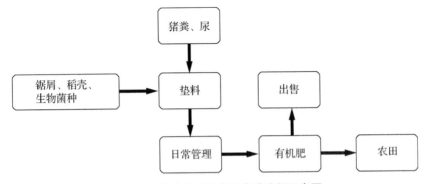

图 11.7　生猪养殖场粪尿发酵流程示意图

具体阐述如下:对于其猪舍地面结构及发酵床制作而言,猪舍高度为 3.2 m;栏内分为采食区、垫料区和饮水区 3 个区域,其中采食区和饮水区设置为混凝土结构,其垫料由生物菌种、锯末、稻壳组成,方便进行后续的发酵工艺。当垫料发酵完成之后进行铺开,放置 24 h。在猪进行生产管理中,垫料通过翻动可辅助通气,每天在粪便较为集中的地方将粪尿分散开来,埋在 0.2～0.3 m 的垫料下面。清理出来的废弃发酵床垫料采用条垛式堆肥生产有机肥。该工程的发酵床工艺,可以产生极大的生态环境效益,其中每平方米垫料每日可以处理猪粪尿 4 kg,每平方米垫料在一个使用周期可以减少 2.8×10^3 kg 的粪尿排放。同时在工艺末尾可以制成优质的有机肥进入农田,实现了循环发展和综合利用的原则。

11.3.4 石家庄市藁城区养鸡场污染防治工程

该养鸡场具体概况如下:其建于 2009 年,目前有标准化鸡舍 3 栋,存栏蛋鸡 5.5 万只(刘双 等,2016)。2014 年该场在原有粪污处理设施基础上,综合投资 20 多万元引进了输送式的隧道发酵装置,综合开展该鸡场的养殖污染防治工程,其具体发酵流程见图 11.8。

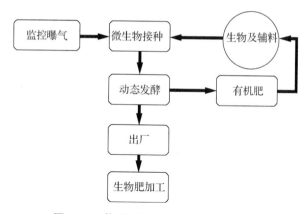

图 11.8 藁城区养鸡场粪尿发酵流程图

具体阐述如下:采用干清粪方式,粪便及病死鸡尸体进入输送式隧道发酵装置,在高度优化的微生态机械流水线条件下好氧发酵,促进鸡粪中可生物降解的有机物向稳定小分子物质和腐殖质转化,达到快速除臭、灭害、腐殖化的目的。不仅如此,发酵隧道造价相对较低,也可以实现高效率的自动控制,符合无害化处理和标准。

12 畜禽养殖污染处理技术展望

近五十年来,我国的畜禽养殖业一直处于稳步发展的阶段,已经成为一个养殖大国,但是我国畜禽养殖采用的技术普遍比较落后,养殖所带来的环境污染问题依然比较严重,距离集约化、规模化、无害化生产目标还有一定距离。与发达国家相比,我国的畜禽养殖业任重而道远。

随着大数据、人工智能和物联网等新兴技术的发展与应用,信息化生产已经成为提升我国畜禽养殖业生产能力,提高畜禽养殖业产品质量的重要手段(刘继芳等,2021)。国家高度重视养殖业信息化发展,国务院办公厅在《关于促进畜牧业高质量发展的意见(国办发〔2020〕31号)》中提出要提升畜牧业信息化水平,加强大数据、人工智能、云计算、物联网、移动互联网等技术在畜牧业中的应用,提高圈舍环境调控、精准饲喂、动物疫病监测、畜禽产品追溯等智能化水平。智能技术的运用还需有政策、人才、服务体系的配合,需要有完善的行业标准和规章制度,进行优化调控,合理安排。日益成熟的区块链技术与量子通信技术也将为畜禽养殖业产品的质量溯源等方面提供有力支持。

我国畜禽养殖业所带来的环境污染问题逐渐受到重视,但受限于管理能力,主要治理方式还属于末端治理,污染防治体系尚未健全,监管能力亟须加强。畜禽养殖目前单靠控制污染物总量排放已不能满足我国环境质量改善的要求,需要逐步建立科学规范、权责清晰、约束有力的畜禽养殖废弃物资源化利用制度,各部门职责也日渐明晰。法规或政策逐步实现规范化、标准化养殖;推广粪污资源化利用模式,探索建立以村落为单位的粪污利用合作社,并适时组织对合作社的专项检查工作。此外,养殖污染的原位处理也受到越来越多的关注,清洁生产以及无害化处理利用正逐渐变得普遍。

单一的废水处理技术无法满足去除养殖废水中所有污染物的要求,传统的还田利用和自然处理模式由于受到土地的限制已不能满足城市近郊大量畜禽废水处理的要求,厌氧-好氧组合工艺是实现去除 COD 和 BOD 以及达到脱氮除磷效果的有效手段。为实现目标,研究人员也对预处理和深度处理进行了技术研究与改进。鸟粪石(磷酸铵镁)沉淀法、吸附法和吹脱法主要去除废水中的氨氮,其中鸟粪石沉淀法可实现氮磷资源化回收,吸附法和吹脱法也都具备回收氨氮的潜力,去除废水中污染物的同时有效回收和利用资源将是未来畜禽养殖废水预处理的一个重点研究方向。当厌氧-好氧处理组合工艺出水无法满足排放要求时,可以采用深度处理的方法。目前,基于臭氧氧化的高级氧化技术因氧化性能好、无二次污染受到广泛关注。不少研究采用臭氧、臭氧/双氧水或臭氧/过硫酸盐法来预处理畜禽养殖废水生化处理出水,以期在畜禽养殖废水生化处理的深度处理方面做出有益探索。此外,还有膜处理、原电池、臭氧-活性炭联用等深度处理方法。在生物处理方向,菌藻共生体系受到广泛关注,研究表明,菌藻共生体对废水中的氮、磷元素有较好的去除作用,同时体系收获的微藻又能作为养殖饲料、制油,甚至是保健品的原材料,具有很高的资源利用价值。

经过长期的发展,以生物滤池为代表的生物法处理养殖废气已经有了显著的成果。但是其存在处理效率低、二次污染、对难降解有机物处理效果差等问题,新技术已应运而生,主要包括生物活性炭、复合式生物反应器和膜生物反应器。生物活性炭法可以作为一种用于处理低浓度恶臭气体的方法,虽然目前实际应用不是很广泛,但是针对畜禽废气中恶臭组分浓度低、气量大的特点,利用生物活性炭和生物滴滤池结合方法处理畜禽养殖废气可以作为一种新型的处理工艺。复合式生物反应器一般根据处理废气组分的理化特性制定。膜生物反应器是将传统的生物废气处理方法与生物膜相结合的工艺,其基本原理是气相中的污染物通过膜向液相一侧扩散,然后通过另一侧膜上生长的生物膜分解为 CO_2、H_2O 和无机盐等。膜生物反应器对水溶性差的废气有非常显著的净化效果,具有极大的发展潜力。

畜禽养殖的固废主要是指畜禽的粪便,传统处理方法包括厌氧发酵与好氧堆肥。针对畜禽粪便的特性,依据"减量化、资源化、无害化"的原则,可采用不同的工艺和技术,将畜禽粪便转化为可直接或间接利用的有用资源。及时有效地处理畜禽粪便可以降低环境负荷,在减少环境污染的同时,还可以产生一定的经济效益,有利于环境友好型发展。畜禽粪便的资源化处理技术按照用途分类,主要包括饲料化、肥料化和能源化处理技术。粪便的热解技术是进行资源化和能源化必要的前置步骤,遵循可持续发展的原则,是一种环境友好型技术。但是目前国内外关于畜禽粪便采用热解处理还存在诸多问题,相关研究和实际应用还比较少,还需要进一步的研究。

参考文献

曹瑞,2021.序批式活性污泥工艺系统处理畜禽养殖废水的研究[D].西安:西安理工大学.

曾勇庆,李铁坚,韩红岩,等,1994.鸡粪不同处理方法对其品质的影响[J].中国畜牧杂志,30(1):13-15.

常华,李海红,闫志英,2017.总固体浓度对猪粪中温连续厌氧发酵的影响[J].陕西科技大学学报,35(4):27-31.

常志州,朱万宝,叶小梅,等,2000.禽畜粪便生物干燥技术研究[J].农业环境保护,19(4):213-215.

陈红跃,张科,王华平,等,2014.重庆市畜禽种业发展现状分析与对策建议[J].黑龙江畜牧兽医(18):16-17.

陈亮,杨仁斌,李欢,等,2007.奶牛养殖场废水处理工程的设计与调试运行[J].给水排水,33(10):71-73.

陈梅雪,杨敏,贺泓,2005.日本畜禽产业排泄物处理与循环利用的现状与技术[J].环境污染治理技术与设备(3):5-11.

陈茜迪,2013.福州市畜禽养殖业污染现状及防治措施研究[D].福州:福建农林大学.

陈小燕,1999.污水处理厂格栅间的设计[J].中国给水排水,15(9):37-38.

陈益清,陈雷,伍健威,等,2016.填料对生物滴滤塔去除 H_2S 的影响[J].环境工程学报,10(7):3763-3767.

陈子平,2012.生物滴滤池净化恶臭气体及其微生物生态研究[D].广州:广东工业大学.

成冰,陈刚,李保明,2006.规模化养猪业粪污治理与清粪工艺[J].世界农业(5):50-51.

程政,2016.一种生物粪便回收装置:CN106219923A[P].2016-12-14.

邓良伟,王文国,郑丹,2017.猪场废水处理利用理论与技术[M].北京:科学出版社.

丁天白,李洪枚,2019.北方某城市污水处理厂职业卫生教育与职业健康调查分析[J].教育教学论坛(3):87-88.

杜龑,周北海,袁蓉芳,等,2018.UASB-SBR工艺处理规模化畜禽养殖废水[J].环境工程学报,12(2):497-504.

范敏其,2021.畜禽规模养殖污染治理与环境保护探究[J].畜禽业,32(11):78-79.

范信生,2018.$Fe_2(SO_4)_3$对猪粪和秸秆厌氧消化过程的影响[D].合肥:安徽大学.

范云,2012.家畜粪便厌氧发酵制取沼气的影响因素及工艺特性研究[D].哈尔滨:哈尔滨工业大学.

方炳南,顾欣欣,朱亮,2012.常规SBR工艺对猪场沼液的处理性能研究[J].中国沼气,30(1):27-30.

傅国志,马宗虎,廖子文,2017.有机负荷对鸡粪厌氧发酵产气特性及其动力学的影响[J].安徽农业科学,45(27):80-83.

傅建辉,1991.牛粪高效沼气发酵工艺的探讨[J].中国沼气,9(4):48-49.

高云超,邝哲师,田兴山,等,2003.猪场污水活性污泥一氧化塘法处理效果及环境问题探讨[J].广东农业科学,30(3):46-49.

广州市人民政府,2020.广州市人民政府关于印发广州市畜禽养殖管理办法的通知[J].广州市人民政府公报(23):10-16.

郭迪,2016.电化学技术去除海水养殖废水中氨氮的研究[D].杭州:浙江大学.

郭德杰,吴华山,马艳,等,2011.不同猪群粪、尿产生量的监测[J].江苏农业学报,27(3):516-522.

韩成,别婉琳,张铨昌,1998.磷灰石及其变体交换吸附阴离子的模式[J].矿物学报,18(1):105-112.

何凤友,郭兵兵,牟桂芝,2005.生物活性炭治理硫化氢废气的研究[J].石油炼制与化工,36(8):60-64.

何瑞银,姚立健,骆娅君,等,2005.中小型养鸡场鸡粪处理的现状分析[J].农机化研究,27(6):71-73.

贺能琴,陈毅良,李俊,2015.抚仙湖径流区畜禽养殖污染防治工程实施前后污染负荷研究[J]. 环境科学导刊，34(6):36-38.

黄小英，2018.畜禽粪便固液分离器壁面磨损影响因素[J]. 江苏农业科学，46(21):259-263.

贾胜男，何佳，2020. 竖流沉淀池内流态及影响因素模拟分析[J]. 计算机仿真，37(3):218-223.

靳锋锋，2014.畜禽粪便污物无害化处理技术[J]. 青海畜牧兽医杂志，44(2):50.

靳红梅，杜静，郭瑞华，等，2018.沼渣水热炭添加对猪粪中温厌氧消化的促进作用[J]. 中国沼气，36(1):47-53.

金书秦，韩冬梅，吴娜伟，2018.中国畜禽养殖污染防治政策评估[J]. 农业经济问题，39(3):119-126.

李吉进，2004.畜禽粪便高温堆肥机理与应用研究[D]. 北京:中国农业大学.

李倩，2012.生物活性炭法在城市污水深度处理中的应用研究[D]. 济南:山东大学.

李庆康，吴雷，刘海琴，等，2000. 我国集约化畜禽养殖场粪便处理利用现状及展望[J]. 农业环境保护，19(4):251-254.

李轶，刘艳杰，杨鹤然，等，2015.沸石对猪粪沼气发酵及沼渣沼液中重金属锌含量、形态的影响[C]//2015年中国沼气学会学术年会暨中德沼气合作论坛. 广州:中国沼气，399-405.

梁程钧，苏柳，林宏飞，等，2021.温度对接触氧化法处理生活污水效能的影响[J]. 绿色科技，23(6):58-60+63.

林坚，2015.复合式生物反应器处理含二氧化硫废气的研究[D]. 北京:中国科学院大学.

刘春软，童巧，汪晶晶，等，2018.不同添加剂对猪粪厌氧发酵的影响[J]. 中国沼气，36(5):30-35.

刘建生，2019.加压溶气气浮机对养猪废水预处理的应用研究[J]. 资源节约与环保(3):82-84.

刘继芳，韩书庆，齐秀丽，2021.中国信息化畜禽养殖技术应用现状与展望[J]. 中国乳业(12):47-52.

刘双，苗玉涛，韦伟，等，2016.畜禽规模养殖污染防治技术[J]. 北方牧业(11):25.

柳剑，叶进，2009.UBF-SBR工艺在畜禽养殖场废水治理中的应用[J]. 农机化研究，

31(5):221-223.

卢怡,尹德升,张无敌,等,2004.牛粪、鸡粪发酵产氢潜力的研究[J].可再生能源,22(2):37-39.

卢峥,1998.利用营养调控防制畜产公害[J].中国畜牧杂志,34(1):51-52.

鹿晓菲,2018.铁氧化物-沸石复合物强化两段式厌氧工艺处理效能研究[D].哈尔滨:哈尔滨工业大学.

吕红,2015.我国畜禽养殖污染的现状及治理措施[J].当代畜禽养殖业(11):51+31.

吕玉娟,张雪利,2007.气浮分离法的研究现状和发展方向[J].工业水处理,27(1):58-61.

鲁飞,2020.畜禽业发展进入新纪元[J].农经(8):36-39.

马杰华,2014.关于广州市政府畜牧业可持续发展政策的研究[D].长春:吉林大学.

孟海玲,董红敏,黄宏坤.2007.膜生物反应器用于猪场污水深度处理试验[J].农业环境科学学报,26(4):1277-1281.

欧阳超,尚晓,王欣泽,等,2010.电化学氧化法去除养猪废水中氨氮的研究[J].水处理技术,36(6):111-115.

蒲施桦,解雅东,谢跃伟,等,2017.臭氧消毒机对猪舍内空气净化效果研究[J].家畜生态学报,38(6):55-58.

齐新英,1998.我国有机废弃物农业利用生态工程[J].生态农业研究,6(1):18-20.

乔小珊,2014.总固体浓度、碳氮比和水力停留时间对奶牛粪便厌氧发酵产气及其沼液性质的影响[D].重庆:西南大学.

秦伟,郭曦,蒋立茂,2006.畜禽养殖场废水处理技术初探[J].四川农机(1):35-37.

秦翔,2019.生物法处理畜禽养殖废气氨硫化氢及VOCs耦合技术研究[D].北京:北京化工大学.

祁福利,2015.混凝沉淀法处理奶牛养殖废水的试验研究[J].家畜生态学报,36(6):43-45+76.

邱敬贤,刘君,何曦,等,2020.预氧化+混凝沉淀+MAP预处理畜禽养殖废水研究[J].再生资源与循环经济,13(3):31-35.

屈艳芬,叶锦韶,尹华,2005.生物过滤法处理城市污水处理厂臭气[J].生态科学,24(1):18-20.

曲强,王立阁,2005.畜禽粪便污染与资源化利用[J].吉林畜牧兽医,26(6):31-32.

尚晓,2009.电解脱氮除磷工艺在规模化养猪废水处理中的应用研究[D].上海:上海交通大学.

隋如意,2019.解读我国首部农村环保法:《畜禽规模养殖污染防治条例》[J].畜牧兽医科技信息(7):11-12.

孙建平,郑平,胡宝兰,等,2009.重金属对猪场废水厌氧消化蓄积抑制[J].环境科学学报,29(8):1643-1648.

孙涛,杨志峰,2004.河口生态系统恢复评价指标体系研究及其应用[J].中国环境科学,24(3):381-384.

孙泽祥,项益锋,2012.宁波市加快现代畜禽种业建设,推进现代畜牧业快速发展的措施及成效[J].浙江畜牧兽医,37(2):13-15.

王道坤,2014.《畜禽规模养殖污染防治条例》带来的挑战和机遇[J].中国畜牧业(8):68-69.

王红艳,郁达伟,孟晓山,等,2020.氨氮浓度对马铃薯加工废水厌氧消化的影响[J].环境工程学报,14(10):2677-2688.

王荣辉,饶国良,李盟军,等,2015.影响猪场厌氧发酵系统运行效果的因素分析[J].广东农业科学,42(23):28-31.

王腾旭,2016.美国加州草原土壤微生物群落对模拟大气氮沉降的响应[D].北京:清华大学.

王新谋,陈清明,2007.从我国猪业面临的问题看集约化工艺的几个问题[J].猪业科学,24(9):66-68.

王勇,2021.雷波县畜禽产业发展现状、问题与对策[J].中国畜禽种业,17(9):23-24.

王子月,王亚炜,张长平,等,2018.厌氧塘处理畜禽养殖废水的研究进展[J].环境保护科学,44(6):67-74.

文建国,陈明华,2010.攀枝花市畜禽养殖清洁生产模式探讨[J].家畜生态学报,31(1):101-105.

温泉,李正山,邓良伟,2011.氧化塘深度对猪场厌氧消化液后处理的影响[J].中国沼气,29(5):17-20+28.

魏红军,2019.一种畜牧养殖场用拖把清洁装置:CN209474536U[P].2019-10-11.

魏在山,徐晓军,宁平,等,2001.气浮法处理废水的研究及其进展[J].安全与环境学报,1(4):14-18.

夏挺,陆居浩,李森,等,2017.畜禽粪便固态厌氧发酵产酸产气特性研究[J].江苏农业科学,45(1):240-243.

许彩云,靳红海,常志州,等,2016.麦秸生物炭添加对猪粪中温厌氧发酵产气特性的影响[J].农业环境科学学报,35(6):1167-1172.

信欣,方鹏,姚力,等,2014.农村养猪分散户废水处理及其消化液资源化[J].环境工程,32(3):15-18+59.

刑廷铣,2001.畜牧业生产对生态环境的污染及其防治[J].云南环境科学,20(1):39-43.

薛嘉,雍毅,2009.养鸡废水处理及污染综合治理工程[C]//四川省水污染控制工程学术交流会论文集.四川省环境科学学会:167-169.

徐志霖,秦普丰,蒋敏,2012.化学预脱氮除磷/ABR/生物接触氧化/人工湿地工艺处理规模化养殖废水[J].安徽农业科学,40(11):6754-6755+6822.

严煦世,范瑾初,1999.给水工程[M].4版.北京:中国建筑工业出版社.

杨爱军,于玉彬,白新征,等,2018.低能耗复合膜生物反应器处理畜禽废水的研究[J].膜科学与技术,38(1):88-90+96.

杨迪,邓良伟,郑丹,等,2015.猪场废水厌氧-好氧处理出水的深度处理[J].中国沼气,33(5):16-22.

杨凯雄,李琳,刘俊新,2016.挥发性有机污染物及恶臭生物处理技术综述[J].环境工程,34(3):107-111+179.

殷小亚,乔延龙,贾磊,等,2020.电化学技术对海水养殖尾水中无机氮的去除效果[J].环境工程技术学报,10(5):845-852.

于伯洋,苏帆,孙境求,等,2020.电控膜生物反应器技术回顾与展望[J].环境科学学报,40(12):4215-4224.

於建明,沙昊雷,陈建孟,2008.复合生物滤塔耦合处理含 H_2S 和 VOCs 废气研究[J].浙江工业大学学报,36(3):254-259+271.

张建英,沈学优,方益萍,1996.厌氧塘处理污水效果初探[J].杭州大学学报(自

　　然科学版)(1):45-48.

张俊安,2017.畜禽养殖业清洁生产[M].长春:东北师范大学出版社.

张庆东,耿如林,戴晔,2013.规模化猪场清粪工艺比选分析[J].中国畜牧兽医,
　　40(2):232-235.

张庆国,2019.畜禽养殖污染治理现状及发展趋势[J].中国畜禽种业,15(1):28.

张庆荣,2019.生物活性炭对废水同步硝化反硝化脱氮过程中 N_2O 产生量的影响
　　[D].郑州:河南师范大学.

张希瑶,申李琰,牛晋国,等,2021.不同季节规模化肉鸡场养殖污水主要指标变
　　化规律及处理效果研究[J].家畜生态学报,42(7):43-46.

张旭,王宝贞,朱宏,1997.厌氧消化体系的酸碱性及其缓冲能力[J].中国环境科
　　学,17(6):492-496.

张长平,程静辰,2016.生物滴滤塔去除甲苯气体最佳条件探索[J].化工技术与开
　　发,45(12):45-48.

张自杰,林荣忱,金儒霖,2015.排水工程(下册)[M].5版.北京:中国建筑工业出
　　版社.

赵秋菊,马兴冠,姜维,2015.生物接触氧化工艺处理奶牛养殖废水参数优化研究
　　[J].水处理技术,41(8):115-120.

赵忠,冯冰杰,孙天雨,等,2016. $TiO_2/UV/O_3$ 对生活垃圾恶臭气体处理的研究
　　[J].广州化工,44(15):91-93.

周光明,王嫒,孙艳朋,等,2012.鸡舍中臭氧消毒和除臭效果研究[J].中国饲料
　　(15):21-22+30.

周卿伟,2013.微量臭氧化强化生物滴滤降解 VOCs 的作用效应与作用机理[D].
　　杭州:浙江工业大学.

周若琛,2016.规模化奶牛养殖废水处理研究[D].长沙:湖南农业大学.

邹书珍,2017.不同预处理工艺厌氧发酵产气效率及其综合效益评价[D].咸阳:
　　西北农林科技大学.

朱乐辉,孙娟,龚良启,等,2010.升流厌氧污泥床/生物滴滤池/兼性塘处理养猪
　　废水[J].水处理技术,36(7):126-128.

ASHBOLT N J, AMEZQUITA A, BACKHAUS T, et al. ,2013. Human health risk
　　assessment (HHRA) for environmental development and transfer of antibiotic
　　resistance[J]. Environmental Health Perspectives, 121(9):993-1001.

BORIN M, POLITEO M, DE STEFANI G, 2013. Performance of a hybrid constructed wetland treating piggery wastewater[J]. Ecological Engineering, 51:229 – 236.

CHEN Y W, WANG X J, HE S, et al., 2016. The performance of two-layer biotrickling filter filled with new mixed packing materials for the removal of H_2S from air[J]. Journal of Environmental Management,165:11 – 16.

CHIANG L C, CHANG J E, WEN T C, 1995. Indirect oxidation effect in electrochemical oxidation treatment of landfill leachate[J]. Water Research, 29 (2):671 – 678.

CHUNG Y C, LIN Y Y, TSENG C P, 2005. Removal of high concentration of NH_3 and coexistent H_2S by biological activated carbon (BAC) biotrickling filter[J]. Bioresource Technology, 96(16):1812 – 1820.

COLEMAN B L, SALVADORI M I, MCGEER A J, et al., 2012. The role of drinking water in the transmission of antimicrobial-resistant E. coli [J]. Epidemiology and Infection, 140(4):633 – 642.

DUAN H Q, KOE L C C, YAN R, et al., 2006. Biological treatment of H_2S using pellet activated carbon as a carrier of microorganisms in a biofilter[J]. Water Research, 40(14):2629 – 2636.

EDGERTON B D, MCNEVIN D, WONG C H, et al., 2000. Strategies for dealing with piggery effluent in Australia: the sequencing batch reactor as a solution[J]. Water Science and Technology, 41(1):123 – 126.

HEALY M G, RODGERS M, MULQUEEN J, 2007. Performance of a stratified sand filter in removal of chemical oxygen demand, total suspended solids and ammonia nitrogen from high-strength wastewaters [J]. Journal of Environmental Management, 83(4):409 – 415.

HUANG J S, CHOU H H, CHEN C M, et al., 2007. Effect of recycle-to-influent ratio on activities of nitrifies and denitrifier in a combined UASB-activated sludge reactor system[J]. Chemosphere, 68(2):382 – 388.

JIANG X, TAY J H, 2010. Operational characteristics of efficient co-removal of H_2S and NH_3 in a horizontal biotrickling filter using exhausted carbon[J]. Journal of Hazardous Materials, 176(1):638 – 643.

KITCHENER J A, GOCHIN R J, 1981. The mechanism of dissolved air flotation for potable water: basic analysis and a proposal[J]. Water Research, 15(5):5.

KIURU H J, 2001. Development of dissolved air flotation technology from the first generation to the newest (third) one (DAF in turbulent flow conditions) [J]. Water Science and Technology, 43(8):1－7.

KNIGHT R L, PAYNE V W E, BORER R E, et al., 2000. Constructed wetlands for livestock wastewater management[J]. Ecological Engineering, 15 (1－2):41－55.

NEGHAB M, MIRZAEI A, KARGAR S F, et al., 2018. Ventilatory disorders associated with occupational inhalation exposure to nitrogen trihydride (ammonia)[J]. Industrial Health, 56(5):427－435.

QUAN Y. WU H, GUO C Y, et al., 2018. Enhancement of TCE removal by a static magnetic field in a fungal biotrickling filter[J]. Bioresource Technology, 259:365－372.

SAN-VALERO P, GABALDON C, PENYA-ROJA J M, et al., 2017. Enhanced styrene removal in a two-phase partitioning bioreactor operated as a biotrickling filter: Towards full-scale applications[J]. Chemical Engineering Journal, 309: 588－595.

VERGARA-FERNANDEZ A, REVARH S, MORENO-CASAS P, et al.,2018. Biofiltration of volatile organic compounds using fungi and its conceptual and mathematical modeling[J]. Biotechnology Advances,36(4):1079－1093.

VYMAZAL J, 2007. Removal of nutrients in various types of constructed wetlands[J]. Science of the Total Environment, 380(1/2/3):48－65.

WELLINGER A, MURPHY J, BAXTER D, 2013. The Biogas Handbook: Science, Production and Applications [M]. Sawston Cambridge Woodhead Publishing.

ZHANG Q Q, YING G G, PAN C G, et al., 2015. Comprehensive evaluation of antibiotics emission and fate in the river basins of China: source analysis, multimedia modeling, and linkage to bacterial resistance[J]. Environmental Science & Technology, 49(11):6772－6782.

中华人民共和国国家标准

GB 18596—2001

畜禽养殖业污染物排放标准

Discharge standard of pollutants for livestock and poultry breeding

2001-12-28发布

2003-01-01实施

国家环境保护总局 国家质量监督检验检疫总局发布

目 次

前　言

为贯彻《环境保护法》《水污染防治法》《大气污染防治法》，控制畜禽养殖业产生的废水、废渣和恶臭对环境的污染，促进养殖业生产工艺和技术进步，维护生态平衡，制定本标准。

本标准适用于集约化、规模化的畜禽养殖场和养殖区，不适用于畜禽散养户。根据养殖规模，分阶段逐步控制，鼓励种养结合和生态养殖，逐步实现全国养殖业的合理布局。

根据畜禽养殖业污染物排放的特点，本标准规定的污染物控制项目包括生化指标、卫生学指标和感观指标等。为推动畜禽养殖业污染物的减量化、无害化和资源化，本标准规定了废水、恶臭排放标准和废渣无害化环境标准。

本标准为首次制定。

本标准由国家环境保护总局科技标准司提出。

本标准由农业部环境保护科研监测所、天津市畜牧局、上海市畜牧办公室、上海市农业科学院环境科学研究所负责起草。

本标准由国家环境保护总局于 2001 年 11 月 26 日批准。

本标准由国家环境保护总局负责解释。

畜禽养殖业污染物排放标准

1 主题内容与适用范围

1.1 主题内容

本标准按集约化畜禽养殖业的不同规模分别规定了水污染物、恶臭气体的最高允许日均排放浓度、最高允许排水量,畜禽养殖业废渣无害化环境标准。

1.2 适用范围

本标准适用于全国集约化畜禽养殖场和养殖区污染物的排放管理,以及这些建设项目环境影响评价、环境保护设施设计、竣工验收及其投产后的排放管理。

1.2.1 本标准适用的畜禽养殖场和养殖区的规模分级,按表1和表2执行

表1 集约化畜禽养殖场的适用规模(以存栏数计)

规模分级 \ 类别	猪(头) 25 kg 以上	鸡(只) 蛋鸡	鸡(只) 肉鸡	牛(头) 成年奶牛	牛(头) 肉牛
Ⅰ级	≥3 000	≥100 000	≥200 000	≥200	≥400
Ⅱ级	500≤Q<3 000	15 000≤Q<100 000	30 000≤Q<200 000	100≤Q<200	200≤Q<400

表2 集约化畜禽养殖区的适用规模(以存栏数计)

规模分级 \ 类别	猪(头) 25 kg 以上	鸡(只) 蛋鸡	鸡(只) 肉鸡	牛(头) 成年奶牛	牛(头) 肉牛
Ⅰ级	≥6 000	≥200 000	≥400 000	≥400	≥800
Ⅱ级	3 000<Q<6 000	100 000≤Q<200 000	200 000≤Q<400 000	200≤Q<400	400≤Q<800

注:Q 表示养殖量。

1.2.2　对具有不同畜禽种类的养殖场和养殖区,其规模可将鸡、牛的养殖量换算成猪的养殖量,换算比例为:30 只蛋鸡折算成 1 头猪,60 只肉鸡折算成 1 头猪,1 头奶牛折算成 10 头猪,1 头肉牛折算成 5 头猪。

1.2.3　所有Ⅰ级规模范围内的集约化畜禽养殖场和养殖区,以及Ⅰ级规模范围内且地处国家环境保护重点城市、重点流域和污染严重河网地区的集约化畜禽养殖场和养殖区,自本标准实施之日起开始执行。

1.2.4　其他地区Ⅰ级规模范围内的集约化养殖场和养殖区,实施标准的具体时间可由县级以上人民政府环境保护行政主管部门确定,但不得迟于 2004 年 7 月 1 日。

1.2.5　对集约化养羊场和养羊区,将羊的养殖量换算成猪的养殖量,换算比例为:3 只羊换算成 1 头猪,根据换算后的养殖量确定养羊场或养羊区的规模级别,并参照本标准的规定执行。

2　定义

2.1　集约化畜禽养殖场

指进行集约化经营的畜禽养殖场。集约化养殖是指在较小的场地内,投入较多的生产资料和劳动,采用新的工艺与技术措施,进行精心管理的饲养方式。

2.2　集约化畜禽养殖区

指距居民区一定距离,经过行政区划确定的多个畜禽养殖个体生产集中的区域。

2.3　废渣

指养殖场外排的畜禽粪便、畜禽舍垫料、废饲料及散落的毛羽等固体废物。

2.4　恶臭污染物

指一切刺激嗅觉器官,引起人们不愉快及损害生活环境的气体物质。

2.5　臭气浓度

指恶臭气体(包括异味)用无臭空气进行稀释,稀释到刚好无臭时所需的稀释倍数。

2.6 最高允许排水

指在畜禽养殖过程中直接用于生产的水的最高允许排放量。

3 技术内容

本标准按水污染物、废渣和恶臭气体的排放分为以下三部分。

3.1 畜禽养殖业水污染物排放标准

3.1.1 畜离养殖业废水不得排入敏感水域和有特殊功能的水域。排放去向应符合国家和地方的有关规定。

3.1.2 标准适用规模范围内的畜禽养殖业的水污染物排放分别执行表3、表4和表5的规定。

表3 集约化畜禽养殖业水冲工艺最高允许排水量

种类	猪 [m³/(百头·d)]		鸡 [m³/(千只·d)]		牛 [m³/(百头·d)]	
季节	冬季	夏季	冬季	夏季	冬季	夏季
标准值	2.5	3.5	0.8	1.2	20	30

注:废水量最高允许排放量的单位中,百头、千只均指存栏数。春、秋季废水量最高允许排放量按冬、夏两季的平均值计算。

表4 集约化畜禽养殖业干清粪工艺最高允许排水量

种类	猪 [m³/(百头·d)]		鸡 [m³/(千只·d)]		牛 [m³/(百头·d)]	
季节	冬季	夏季	冬季	夏季	冬季	夏季
标准值	1.2	1.8	0.5	0.7	17	20

注:废水量最高允许排放量的单位中,百头、千只均指存栏数。春、秋季废水量最高允许排放量按冬、夏两季的平均值计算。

表5　集约化畜禽养殖业水污染物最高允许日均排放浓度

控制项目	五日生化需氧量（mg/L）	化学需氧量（mg/L）	悬浮物（mg/L）	氨氮（mg/L）	总磷（以P计）（mg/L）	粪大肠菌群数（个/100mL）	蛔虫卵（个/L）
标准值	150	400	200	80	8.0	1 000	2.0

3.2　畜禽养殖业废渣无害化环境标准

3.2.1　畜禽养殖业必须设置废渣的固定储存设施和场所，储存场所要有防止粪液渗漏、溢流措施。

3.2.2　用于直接还田的畜禽粪便，必须进行无害化处理。

3.2.3　禁止直接将废渣倾倒入地表水体或其他环境中。畜禽粪便还田时，不能超过当地的最大农田负荷量，避免造成面源污染和地下水污染。

3.2.4　经无害化处理后的废渣，应符合表6的规定。

表6　畜禽养殖业废渣无害化环境标准

控制项目	指标
蛔虫卵	死亡率≥95％
粪大肠菌群数	≤10^5个/kg

3.3　畜禽养殖业恶臭污染物排放标准

3.3.1　集约化畜禽养殖业恶臭污染物的排放执行表7的规定。

表7　集约化畜禽养殖业恶臭污染物排放标准

控制项目	标准值
臭气浓度（无量纲）	70

3.4　畜禽养殖业应积极通过废水和粪便的还田或其他措施对所排放的污染物进行综合利用，实现污染物的资源化。

4　监测

污染物项目监测的采样点和采样频率应符合国家环境监测技术规范的要求。

污染物项目的监测方法按表 8 执行。

表 8　畜禽养殖业污染物排放配套监测方法

序号	项目	监测方法	方法来源
1	生化需氧（BOD$_5$）	稀释与接种法	GB 7488—87
2	化学需氧（COD$_{Cr}$）	重铬酸钾法	GB 11914—89
3	悬浮物（SS）	重量法	GB 11901—89
4	氨氮（NH$_3$-N）	钠氏试剂比色法　水杨酸分光光度法	GB 7479—87 GB 7481—87
5	总 P（以 P 计）	钼蓝比色法	1)
6	粪大肠菌群数	多管发酵法	GB 5750—85
7	蛔虫卵	吐温-80 柠檬酸缓冲液离心沉淀集卵法	2)
8	蛔虫卵死亡率	堆肥蛔虫卵检查法	GB 7959—87
9	寄生虫卵沉降率	粪稀蛔虫卵检查法	GB 7959—87
10	臭气浓度	三点式比较臭袋法	GB 14675

注：分析方法中，未列出国标的暂时采用下列方法，待国家标准方法颁布后执行国家标准。

1) 水和废水监测分析方法（第三版），中国环境科学出版社，1989。

2) 卫生防疫检验，上海科学技术出版社，1964。

5　标准的实施

5.1　本标准由县级以上人民政府环境保护行政主管部门实施统一监督管理。

5.2　省、自治区、直辖市人民政府可根据地方环境和经济发展的需要，确定严于本标准的集约化畜禽养殖业适用规模，或制定更为严格的地方畜禽养殖业污染物排放标准，并报国务院环境保护行政主管部门备案。